云南茶树

遗传资源卷·肆

刘本英　宁功伟　康冠宏
郑吉文　陈晓明　赵　碧　主编

YNK 云南科技出版社
·昆　明·

图书在版编目（CIP）数据

云南茶树遗传资源卷．肆／刘本英等主编．-- 昆明：云南科技出版社，2025. 4. -- ISBN 978-7-5587-6277-2

Ⅰ．S571.13

中国国家版本馆 CIP 数据核字第 2025EA2087 号

云南茶树遗传资源卷·肆

YUNNAN CHASHU YICHUAN ZIYUAN JUAN . SI

刘本英　宁功伟　康冠宏　郑吉文　陈晓明　赵　碧　主编

出 版 人：温　翔
责任编辑：吴　涯　张翟贤　刘　蓉
整体设计：范美琼
责任校对：张舒园
责任印制：蒋丽芬

书　　号：ISBN 978-7-5587-6277-2
印　　刷：昆明木行印刷有限公司
开　　本：787mm × 1092mm　1/16
印　　张：16.75
字　　数：350千字
版　　次：2025年4月第1版
印　　次：2025年4月第1次印刷
定　　价：198.00元

出版发行：云南科技出版社
地　　址：昆明市环城西路609号
电　　话：0871-64190978

云南茶树遗传资源卷·肆

编委会

本书获农业农村部农作物种质资源保护专项，国家科技资源共享服务平台“国家农作物茶树种质资源平台”，云南省科技重大专项“云南特色茶资源发掘利用及新品种繁育推广”“世界大叶茶技术创新中心建设及成果产业化”，云南省茶学重点实验室，云南省昌宁县茶产业科技特派团，云南省现代农业茶叶产业技术体系，云南省兴滇英才支持计划云岭学者专项，云南省重点研发项目“云南地方优质茶树种质资源保护与发掘利用”等项目资助。

序

中国西南部是茶的起源和传播中心地带，云南是茶树种质资源核心区域，拥有历史悠久、特性鲜明、多彩异样的茶树品种资源。依托云南省农业科学院茶叶研究所建设的国家大叶茶树种质资源圃（勐海）始建于1980年，截至2023年底，国家大叶茶树种质资源圃共保存各类茶树种质资源3600余份，涵盖了山茶属茶组植物的25个种和3个变种，这对茶树种质资源的有效保护利用具有巨大的科学意义。

刘本英研究员带领茶树种质资源与遗传育种创新团队科技人员在长期研究成果积累的基础上，特别是“十四五”以来茶树资源研究最新成果，编撰成了《云南茶树遗传资源卷·肆》专著。该书涵盖了大理、保山和德宏地区的重要古茶树遗传资源247份，从形态特征、生物特性和生化成分等方面详细描述了这些珍贵茶树种质资源，形成了一套比较全面、完整、系统和规范的茶树遗传资源档案资料。专著图文并茂、简明扼要，通俗易懂，注重学术性的同时，更强调实用性。这是刘本英研究员带领团队成员多年来潜心研究和实践的结晶。该书的出版丰富了茶树种质资源的理论素材，是从事茶学的科研工作者和广大茶叶爱好者关于茶树种质资源方面弥足珍贵的科学参考用书，并有利于推进茶树种质资源学科发展，对促进云茶产业高质量健康发展具有深远的现实意义。

在《云南茶树遗传资源卷·肆》一书即将付梓之际，刘本英先生请我为该书作序，我深为刘本英研究员及其团队成员取得新的科研成果而欣慰。云南古茶树资源是自然杂交茶树遗传群体珍贵的种质资源，希望该书的出版能为科学研究云南茶树种质资源及让更多的爱茶人正确认识茶树资源提供科学的理论指导，有效推进云茶产业绿色高质量发展。

云南农业大学　二级教授 / 博士生导师

2024 年 12 月 28 日

前言

云南是世界茶树起源中心和原产地，是世界茶组植物分类研究中所占比例种类最多、分布最广的地区。目前，世界上已发现山茶属茶组植物32个种和3个变种（张宏达系统），其中云南独有的有26个种和2个变种。依托云南省农业科学院茶叶研究所建设的国家大叶茶树种质资源圃（勐海）始建于1980年，历经40余年的发展，该圃已成为世界最大、保存种类最多的大叶茶种质资源保存圃和云南茶叶科技创新最重要的科研基础平台。截至2023年底，国家种质大叶茶资源圃共保存茶树种质资源3600余份，涵盖了山茶属茶组植物的25个种和3个变种，支撑依托单位云南省农业科学院茶叶研究所承担国家自然科学基金、科技部国家茶树种质资源平台、农业农村部农作物种质资源保护与利用专项和云南省重大科技专项等国家、省部级及各类科研项目40余项。为总结展示云南茶树种质资源研究成果，发掘茶树资源利用前景，近日，云南省农业科学院茶叶研究所茶树种质资源与遗传育种创新团队科技人员在长期研究成果积累的基础上，特别是“十四五”以来茶树资源研究最新成果，编撰成了专著《云南茶树遗传资源卷·肆》。该书涵盖了大理、保山和德宏地区的重要古茶树遗传资源247份，从形态特征、生物特性和生化成分等方面图文并茂地详细描述了这些珍贵茶树种质资源，本书兼顾学术性和实用性、理论与实践相结合，适合茶学科研工作者阅读，也可作为广大茶叶爱好者的参考用书。希望本书的出版能助推我国茶树种质资源学科发展，助力云南省打造世界一流茶叶品牌，为云茶产业高质量发展贡献一份新力。

编　者

2024年12月28日

云南茶树
遗传资源卷·肆

刘本英　宁功伟　康冠宏
郑吉文　陈晓明　赵　碧　主编

目　录

茶种质资源

1. 上梨树古茶树

学名：*Camellia sinensis*（L.）O. Kuntze var. *assamica*（masters）Kitamura。位于云南省保山市隆阳区瓦房乡喜坪村上梨树，海拔1966 m；树型乔木型，树姿半开张，树高3.3 m，树幅4.2 m×4.0 m，最低分枝高0.2 m，基部干径0.2 m，分枝密度中；芽叶色泽黄绿色、芽叶茸毛数量中，叶片着生状态稍上斜，叶形长椭圆形，叶色绿色，叶片亮度发亮，平均叶片长宽14.0 cm×5.2 cm，叶面积51.0 cm^2，大叶，叶身内折，叶面微隆，叶缘波，叶基楔形，叶质中，叶尖渐尖，叶脉对数9对，叶齿锯齿形，叶齿密度中，叶齿深度深，叶齿锐度中，叶柄长1.1 cm、有茸毛，叶背主脉茸毛少；花萼5枚、有茸毛，花萼色泽绿色，花冠长宽4.0 cm×3.6 cm，花瓣7枚，花瓣色泽白色，花瓣长宽1.6 cm×1.4 cm，花瓣质地中，柱头开裂数3裂，雌雄蕊相对高度等高，子房3室、有茸毛，花柱长度0.9 cm，花柱裂位低；果实形状球形或三角形，果实大小2.6 cm×1.8 cm，果皮厚度0.2 cm；种子形状球形、半球形或不规则形，种径大小1.4 cm×1.4 cm，种皮色泽棕色；春茶一芽二叶烘青样水浸出物（WE）48.12 %、茶多酚（TP）21.75 %、氨基酸（AA）3.5 %、咖啡碱（C）3.27 %、儿茶素总量（TC）16.95 %、酚氨比值（TP/AA）6.21，适制普洱茶和绿茶。

2. 水源古茶树

学名：*Camellia sinensis*（L.）O. Kuntze var. *assamica*（masters）Kitamura。位于云南省保山市隆阳区瓦房乡水源村小学旁，海拔2322 m；树型乔木型，树姿半开张，树高4.5 m，树幅4.4 m×3.0 m，最低分枝高0.15 m，基部干径0.4 m，分枝密度中；芽叶色泽黄绿色、芽叶茸毛数量中，叶片着生状态稍上斜，叶形长椭圆形，叶色黄绿色，叶片亮度发亮，平均叶片长宽6.3 cm×2.7 cm，叶面积11.9 cm^2，小叶，叶身内折，叶面平，叶缘微波，叶基楔形，叶质中，叶尖渐尖，叶脉对数7对，叶齿锯齿形，叶齿密度中，叶齿深度浅，叶齿锐度钝，叶柄长0.8 cm、有茸毛，叶背主脉无茸毛；花萼5枚、有茸毛，花萼色泽绿色，花冠长宽2.5 cm×2.4 cm，花瓣10枚，花瓣色泽白色，花瓣长宽1.4 cm×0.7 cm，花瓣质地中，柱头开裂数3裂，雌雄蕊相对高度等高，子房3室、有茸毛，花柱长度0.9 cm，花柱裂位低；果实形状球形，果实大小1.2 cm×1.6 cm，果皮厚度0.1 cm；种子形状似肾形，种径大小1.2 cm×0.8 cm，种皮色泽棕色；春茶一芽二叶烘青样水浸出物46.05%、茶多酚（TP）21.40%、氨基酸（AA）3.01%、咖啡碱（C）3.16%、儿茶素总量（TC）18.10%、酚氨比值（TP/AA）7.11，适制普洱茶和绿茶。

3. 大出水古茶树

学名：*Camellia sinensis*（L.）O. Kuntze var. *assamica*（masters）Kitamura。位于云南省保山市隆阳区板桥镇西河村大出水，海拔2067 m；树型乔木型，树姿半开张，树高8.0 m，树幅7.7 m×6.5 m，最低分枝高0.2 m，基部干径0.6 m，分枝密度密；芽叶色泽黄绿色、芽叶茸毛数量中，叶片着生状态稍上斜，叶形椭圆形，叶色深绿色，叶片亮度发亮，平均叶片长宽13.1 cm×6.0 cm，叶面积55.0 cm^2，大叶，叶身内折，叶面隆起，叶缘微波，叶基楔形，叶质柔软，叶尖渐尖，叶脉对数11对，叶齿锯齿形，叶齿密度密，叶齿深度中，叶齿锐度中，叶柄长1.2 cm、有茸毛，叶背主脉茸毛少；花萼5枚、有茸毛，花萼色泽绿色，花冠长宽3.1 cm×2.8 cm，花瓣7枚，花瓣色泽白色，花瓣长宽1.4 cm×1.2 cm，花瓣质地中，柱头开裂数3裂，雌雄蕊相对高度等高，子房3室、有茸毛，花柱长度0.9 cm，花柱裂位低；果实形状球形或三角形，果实大小3.1 cm×1.8 cm，果皮厚度0.2 cm；种子形状球形或半球形，种径大小1.4 cm×1.2 cm，种皮色泽棕褐色；春茶一芽二叶烘青样水浸出物（WE）50.33 %、茶多酚（TP）26.95 %、氨基酸（AA）4.43 %、咖啡碱（C）4.44 %、儿茶素总量（TC）16.11 %、酚氨比值（TP/AA）6.08，适制普洱茶和绿茶。

4. 松坡古茶树

学名：*Camellia sinensis*（L.）O. Kuntze var. *assamica*（masters）Kitamura。位于云南省保山市隆阳区瓦渡乡土官村松坡，海拔1840 m；树型乔木型，树姿直立，树高7.2 m，树幅4.2 m×4.0 m，最低分枝高0.4 m，基部干径0.4 m，分枝密度中；芽叶色泽黄绿色、芽叶茸毛多，叶片着生状态稍上斜，叶形长椭圆形，叶色深绿色，叶片亮度不亮，平均叶片长宽14.2 cm×6.2 cm，叶面积61.6 cm^2，特大叶，叶身内折，叶面微隆，叶缘平，叶基楔形，叶质柔软，叶尖渐尖，叶脉对数10对，叶齿锯齿形，叶齿密度稀，叶齿深度浅，叶齿锐度钝，叶柄长1.1 cm、无茸毛，叶背主脉茸毛多；花萼5枚、有茸毛，花萼色泽绿色，花冠长宽3.6 cm×3.1 cm，花瓣7枚，花瓣色泽白色，花瓣长宽1.7 cm×1.6 cm，花瓣质地中，柱头开裂数3裂，雌雄蕊相对高度等高，子房3室、有茸毛，花柱长度1.3 cm，花柱裂位低；果实形状三角形，果实大小3.0 cm×2.0 cm，果皮厚度0.1 cm；种子形状不规则形，种径大小1.7 cm×1.5 cm，种皮色泽棕褐色；春茶一芽二叶烘青样水浸出物（WE）49.68 %、茶多酚（TP）25.39 %、氨基酸（AA）3.19 %、咖啡碱（C）4.49 %、儿茶素总量（TC）15.37 %、酚氨比值（TP/AA）7.96，适制普洱茶和绿茶。

5. 尖山古茶树

学名：*Camellia sinensis*（L.）O. Kuntze var. *assamica*（masters）Kitamura。位于云南省保山市施甸县摆榔彝族布朗族乡尖山村民小组，海拔1905 m；树型乔木型，树姿半开张，树高8.5 m，树幅7.3 m×4.6 m，最低分枝高0.3 m，基部干径0.7 m，分枝密度密；芽叶色泽黄绿色、芽叶茸毛数量中，叶片着生状态稍上斜，叶形长椭圆形，叶色深绿色，叶片亮度不亮，平均叶片长宽10.0 cm×3.9 cm，叶面积27.3 cm^2，中叶，叶身平，叶面平，叶缘微波，叶基楔形，叶质中，叶尖渐尖，叶脉对数10对，叶齿锯齿形，叶齿密度密，叶齿深度中，叶齿锐度中，叶柄长0.7 cm、有茸毛，叶背主脉有茸毛；花萼5枚、无茸毛，花萼色泽淡绿色，花冠长宽2.8 cm×1.3 cm，花瓣6枚，花瓣色泽淡绿色，花瓣长宽1.5 cm×1.2 cm，花瓣质地薄，柱头开裂数3裂或4裂，雌雄蕊相对高度等高，子房3室、有茸毛，花柱长度1.6 cm，花柱裂位低；果实形状球形、肾形或三角形，果实大小2.6 cm×2.0 cm，果皮厚度0.1 cm；种子形状球形、三角形或似肾形，种径大小1.6 cm×1.5 cm，种皮色泽棕褐色；春茶一芽二叶烘青样水浸出物（WE）46.16 %、茶多酚（TP）22.14 %、氨基酸（AA）5.17 %、咖啡碱（C）2.85 %、儿茶素总量（TC）18.87 %、酚氨比值（TP/AA）4.28，适制普洱茶和绿茶。

6. 一碗水古茶树

学名：*Camellia sinensis*（L.）O. Kuntze var. *assamica*（masters）Kitamura。位于云南省保山市施甸县酒房乡酒房村一碗水村民小组，海拔1987 m；树型乔木型，树姿半开张，树高5.0 m，树幅4.3 m×3.7 m，最低分枝高0.4 m，基部干径0.3 m，分枝密度中；芽叶色泽黄绿色、芽叶茸毛数量中，叶片着生状态稍上斜，叶形椭圆形，叶色绿色，叶片亮度发亮，平均叶片长宽9.2 cm×4.3 cm，叶面积27.7 cm^2，中叶，叶身内折，叶面微隆，叶缘微波，叶基近圆形，叶质中，叶尖渐尖，叶脉对数6对，叶齿锯齿形，叶齿密度中，叶齿深度深，叶齿锐度中，叶柄长0.8 cm、有茸毛，叶背主脉有茸毛；花萼5枚、无茸毛，花萼色泽绿色，花冠长宽3.1 cm×1.6 cm，花瓣6枚，花瓣色泽淡绿色，花瓣长宽1.6 cm×1.4 cm，花瓣质地薄，柱头开裂数3裂，雌雄蕊相对高度等高，子房3室、无茸毛，花柱长度1.8 cm，花柱裂位低；果实形状球形、肾形或三角形，果实大小3.2 cm×1.9 cm，果皮厚度0.2 cm；种子形状球形或半球形，种径大小1.3 cm×1.1 cm，种皮色泽棕褐色；春茶一芽二叶烘青样水浸出物（WE）47.26 %、茶多酚（TP）22.41 %、氨基酸（AA）1.84 %、咖啡碱（C）3.34 %、儿茶素总量（TC）9.97 %、酚氨比值（TP/AA）12.18，适制普洱茶、红茶和绿茶。

7. 蒲草塘古茶树

学名：*Camellia sinensis*（L.）O. Kuntze var. *assamica*（masters）Kitamura。位于云南省保山市施甸县酒房乡梅子箐村蒲草塘村民小组，海拔2035 m；树型乔木型，树姿半开张，树高7.7 m，树幅3.3 m×3.2 m，最低分枝高0.4 m，基部干径0.3 m，分枝密度中；芽叶色泽绿色、芽叶茸毛多，叶片着生状态稍上斜，叶形长椭圆形，叶色深绿色，叶片亮度发亮，平均叶片长宽16.9 cm×6.3 cm，叶面积74.5 cm^2，特大叶，叶身内折，叶面微隆，叶缘微波，叶基近圆形，叶质中，叶尖渐尖，叶脉对数16对，叶齿锯齿形，叶齿密度中，叶齿深度中，叶齿锐度中，叶柄长1.3 cm、有茸毛，叶背主脉茸毛少；花萼5枚、无茸毛，花萼色泽绿色，花冠长宽4.0 cm×1.9 cm，花瓣7枚，花瓣色泽淡绿色，花瓣长宽2.0 cm×1.7 cm，花瓣质地薄，柱头开裂数3裂，雌雄蕊相对高度等高，子房3室、无茸毛，花柱长度1.8 cm，花柱裂位低；果实形状球形、肾形、三角形或四方形，果实大小3.2 cm×1.8 cm，果皮厚度0.3 cm；种子形状球形或半球形，种径大小1.5 cm×1.4 cm，种皮色泽棕褐色；春茶一芽二叶烘青样水浸出物（WE）46.48 %、茶多酚（TP）22.12 %、氨基酸（AA）5.69 %、咖啡碱（C）4.00 %、儿茶素总量（TC）15.24 %、酚氨比值（TP/AA）3.89，适制普洱茶和绿茶。

8. 西山头1号古茶树

学名：*Camellia sinensis*（L.）O. Kuntze var. *assamica*（masters）Kitamura。位于云南省保山市施甸县太平镇李山村下西山头村民小组，海拔1873 m；树型乔木型，树姿半开张，树高7.9 m，树幅5.2 m×4.5 m，最低分枝高1.2 m，基部干径0.3 m，分枝密度稀；芽叶色泽黄绿色、芽叶茸毛多，叶片着生状态稍上斜，叶形椭圆形，叶色绿色，叶片亮度发亮，平均叶片长宽12.1 cm×5.8 cm，叶面积49.1 cm^2，大叶，叶身内折，叶面微隆，叶缘微波，叶基近圆形，叶质中，叶尖渐尖，叶脉对数10对，叶齿锯齿形，叶齿密度密，叶齿深度中，叶齿锐度中，叶柄长1.0 cm、有茸毛，叶背主脉茸毛多；花萼5枚、无茸毛，花萼色泽绿色，花冠长宽3.6 cm×1.7 cm，花瓣6枚，花瓣色泽淡绿色，花瓣长宽1.9 cm×1.5 cm，花瓣质地薄，柱头开裂数3裂，雌雄蕊相对高度等高，子房3室、有茸毛，花柱长度1.2 cm，花柱裂位低；果实形状球形、肾形或三角形，果实大小2.7 cm×1.5 cm，果皮厚度0.1 cm；种子形状球形或半球形，种径大小1.2 cm×0.9 cm，种皮色泽棕褐色或褐色；春茶一芽二叶烘青样水浸出物（WE）46.39 %、茶多酚（TP）24.53 %、氨基酸（AA）3.69 %、咖啡碱（C）4.63 %、儿茶素总量（TC）16.67 %、酚氨比值（TP/AA）6.65，适制普洱茶和绿茶。

9. 桤木窝古茶树

学名：*Camellia sinensis*（L.）O. Kuntze var. *assamica*（masters）Kitamura。位于云南省保山市腾冲市团田乡小丙弄村桤木窝，海拔1567 m；树型乔木型，树姿半开张，树高11.7 m，树幅4.9 m×4.7 m，最低分枝高1.9 m，基部干径0.4 m，分枝密度中；芽叶色泽绿色、芽叶茸毛少，叶片着生状态稍上斜，叶形椭圆形，叶色深绿色，叶片亮度发亮，平均叶片长宽11.9 cm×4.5 cm，叶面积37.5 cm^2，中叶，叶身内折，叶面微隆，叶缘平，叶基楔形，叶质中，叶尖渐尖，叶脉对数9对，叶齿锯齿形，叶齿密度密，叶齿深度中，叶齿锐度中，叶柄长0.8 cm、无茸毛，叶背主脉茸毛少；花萼5枚、有茸毛，花萼色泽绿色，花冠长宽3.6 cm×3.0 cm，花瓣7枚，花瓣色泽淡绿色，花瓣长宽1.5 cm×1.5 cm，花瓣质地中，柱头开裂数3裂，雌雄蕊相对高度雌蕊低，子房3室、无茸毛，花柱长度1.5 cm，花柱裂位低；果实形状三角形，果实大小3.3 cm×2.5 cm，果皮厚度0.2 cm；种子形状球形、半球形或不规则形，种径大小1.2 cm×0.9 cm，种皮色泽褐色；春茶一芽二叶烘青样水浸出物（WE）50.84 %、茶多酚（TP）23.25 %、氨基酸（AA）5.42 %、咖啡碱（C）4.22 %、儿茶素总量（TC）20.39 %、酚氨比值（TP/AA）4.29，适制普洱茶和绿茶。

10. 龙塘古茶树

学名：*Camellia sinensis*（L.）O. Kuntze var. *assamica*（masters）Kitamura。位于云南省保山市腾冲市团田乡后库村，海拔1710 m；树型乔木型，树姿半开张，树高16.8 m，树幅6.4 m×12.9 m，最低分枝高0.5 m，基部干径0.7 m，分枝密度密；芽叶色泽绿色、芽叶茸毛数量中，叶片着生状态稍上斜，叶形长椭圆形，叶色深绿色，叶片亮度发亮，平均叶片长宽14.6 cm×6.1 cm，叶面积62.3 cm^2，特大叶，叶身平，叶面微隆，叶缘平，叶基楔形，叶质中，叶尖渐尖，叶脉对数12对，叶齿锯齿形，叶齿密度中，叶齿深度中，叶齿锐度锐，叶柄长1.1 cm、有茸毛，叶背主脉无茸毛；花萼3枚、有茸毛，花萼色泽紫色，花冠长宽3.5 cm×2.7 cm，花瓣7枚，花瓣色泽绿色，花瓣长宽1.9 cm×1.8 cm，花瓣质地薄，柱头开裂数3裂，雌雄蕊相对高度雌蕊高，子房3室、无茸毛，花柱长度1.5 cm，花柱裂位低；果实形状球形、肾形或三角形，果实大小2.5 cm×2.2 cm，果皮厚度0.3 cm；种子形状球形，种径大小1.5 cm×1.1 cm，种皮色泽棕褐色；春茶一芽二叶烘青样水浸出物（WE）48.67％、茶多酚（TP）20.21％、氨基酸（AA）4.13％、咖啡碱（C）4.37％、儿茶素总量（TC）18.37％、酚氨比值（TP/AA）4.89，适制普洱茶和绿茶。

11. 黄井园古茶树

学名：*Camellia sinensis*（L.）O. Kuntze var. *assamica*（masters）Kitamura。位于云南省保山市腾冲市团田乡后库村上寨二队黄井园，海拔1660 m；树型乔木型，树姿半开张，树高5.7 m，树幅5.6 m×3.9 m，最低分枝高0.3 m，基部干径0.6 m，分枝密度密；芽叶色泽黄绿色，芽叶茸毛少，叶片着生状态稍上斜，叶形椭圆形，叶色绿色，叶片亮度发亮，平均叶片长宽9.6 cm×4.3 cm，叶面积28.9 cm^2，中叶，叶身背卷，叶面微隆，叶缘微波，叶基楔形，叶质中，叶尖渐尖，叶脉对数11对，叶齿锯齿形，叶齿密度稀，叶齿深度深，叶齿锐度中，叶柄长1.2 cm、有茸毛，叶背主脉无茸毛；花萼3枚、无茸毛，花萼色泽绿色，花冠长宽3.6 cm×3.4 cm，花瓣7枚，花瓣色泽淡绿色，花瓣长宽1.9 cm×1.8 cm，花瓣质地中，柱头开裂数3裂，雌雄蕊相对高度雌蕊低，子房3室、无茸毛，花柱长度1.0 cm，花柱裂位中；果实形状球形、肾形或三角形，果实大小3.0 cm×2.5 cm，果皮厚度0.3 cm；种子形状球形或半球形，种径大小1.6 cm×1.3 cm，种皮色泽棕褐色；春茶一芽二叶烘青样水浸出物（WE）48.41 %、茶多酚（TP）19.62 %、氨基酸（AA）5.13 %、咖啡碱（C）4.10 %、儿茶素总量（TC）24.29 %、酚氨比值（TP/AA）3.82，适制普洱茶和绿茶。

12. 燕寺闷家沟1号古茶树

学名：*Camellia sinensis*（L.）O. Kuntze var. *assamica*（masters）Kitamura。位于云南省保山市腾冲市团田乡燕寺村闷家沟，海拔1645 m；树型乔木型，树姿半开张，树高9.7 m，树幅6.8 m×5.4 m，最低分枝高0.6 m，基部干径0.4 m，分枝密度密；芽叶色泽黄绿色、芽叶茸毛少，叶片着生状态稍上斜，叶形椭圆形，叶色深绿色，叶片亮度发亮，平均叶片长宽10.6 cm×4.4 cm，叶面积32.6 cm^2，中叶，叶身平，叶面微隆，叶缘微波，叶基楔形，叶质中，叶尖渐尖，叶脉对数11对，叶齿锯齿形，叶齿密度稀，叶齿深度深，叶齿锐度中，叶柄长0.7 cm、无茸毛，叶背主脉无茸毛；花萼3枚、无茸毛，花萼色泽绿色，花冠长宽5.3 cm×5.0 cm，花瓣7枚，花瓣色泽淡绿色，花瓣长宽2.3 cm×2.2 cm，花瓣质地厚，柱头开裂数3裂，雌雄蕊相对高度雌蕊低，子房3室、无茸毛，花柱长度1.4 cm，花柱裂位高；果实形状球形或三角形，果实大小3.0 cm×2.9 cm，果皮厚度0.3 cm；种子形状球形、半球形或不规则形，种径大小2.7 cm×2.3 cm，种皮色泽棕褐色；春茶一芽二叶烘青样水浸出物（WE）47.24%、茶多酚（TP）19.20%、氨基酸（AA）4.82%、咖啡碱（C）3.91%、儿茶素总量（TC）17.31%、酚氨比值（TP/AA）3.98，适制普洱茶和绿茶。

13. 燕寺闷家沟2号古茶树

学名：*Camellia sinensis*（L.）O. Kuntze var. *assamica*（masters）Kitamura。位于云南省保山市腾冲市团田乡燕寺村闷家沟，海拔1645 m；树型乔木型，树姿半开张，树高9.7 m，树幅5.6 m×4.8 m，最低分枝高1.6 m，基部干径0.9 m，分枝密度密；芽叶色泽绿色、芽叶茸毛少，叶片着生状态稍上斜，叶形椭圆形，叶色深绿色，叶片亮度发亮，平均叶片长宽10.6 cm×4.4 cm，叶面积32.6 cm^2，中叶，叶身平，叶面微隆，叶缘微波，叶基楔形，叶质中，叶尖渐尖，叶脉对数13对，叶齿锯齿形，叶齿密度稀，叶齿深度中，叶齿锐度钝，叶柄长0.6 cm、无茸毛，叶背主脉茸毛少；花萼3枚、有茸毛，花萼色泽淡绿色，花冠长宽5.3 cm×4.6 cm，花瓣6枚，花瓣色泽淡绿色，花瓣长宽2.3 cm×2.1 cm，花瓣质地中，柱头开裂数3裂，雌雄蕊相对高度雌蕊低，子房3室、无茸毛，花柱长度1.3 cm，花柱裂位中；果实形状球形，果实大小2.7 cm×2.3 cm，果皮厚度0.3 cm；种子形状球形，种径大小1.5 cm×1.2 cm，种皮色泽棕褐色；春茶一芽二叶烘青样水浸出物（WE）47.08 %、茶多酚（TP）18.30 %、氨基酸（AA）5.32 %、咖啡碱（C）3.84 %、儿茶素总量（TC）16.61 %、酚氨比值（TP/AA）3.44，适制普洱茶和绿茶。

14. 小田坝古茶树

学名：*Camellia sinensis*（L.）O. Kuntze var. *assamica*（masters）Kitamura。位于云南省保山市腾冲市新华乡龙井山村小田坝寨，海拔1744 m；树型乔木型，树姿半开张，树高8.7 m，树幅5.7 m×4.6 m，最低分枝高0.1 m，基部干径0.3 m，分枝密度中；芽叶色泽黄绿色、芽叶茸毛多，叶片着生状态稍上斜，叶形椭圆形，叶色黄绿色，叶片亮度发亮，平均叶片长宽13.4 cm×5.7 cm，叶面积53.5 cm^2，大叶，叶身内折，叶面隆起，叶缘微波，叶基楔形，叶质中，叶尖渐尖，叶脉对数10对，叶齿锯齿形，叶齿密度稀，叶齿深度中，叶齿锐度中，叶柄长1.4 cm、无茸毛，叶背主脉无茸毛；花萼3枚、有茸毛，花萼色泽绿色，花冠长宽4.2 cm×3.5 cm，花瓣6枚，花瓣色泽淡绿色，花瓣长宽1.9 cm×1.7 cm，花瓣质地中，柱头开裂数3裂，雌雄蕊相对高度雌蕊高，子房3室、无茸毛，花柱长度0.9 cm，花柱裂位中；果实形状球形或三角形，果实大小3.1 cm×2.8 cm，果皮厚度0.3 cm；种子形状球形或三角形，种径大小1.6 cm×1.3 cm，种皮色泽褐色；春茶一芽二叶烘青样水浸出物（WE）49.70 %、茶多酚（TP）19.63 %、氨基酸（AA）6.56 %、咖啡碱（C）4.15 %、儿茶素总量（TC）14.22 %、酚氨比值（TP/AA）2.99，适制普洱茶和绿茶。

15. 茅草地1号古茶树

学名：*Camellia sinensis*（L.）O. Kuntze var. *assamica*（masters）Kitamura。位于云南省保山市腾冲市蒲川乡茅草地村大坪子，海拔1908 m；树型乔木型，树姿半开张，树高7.7 m，树幅9.1 m×7.8 m，最低分枝高0.8 m，基部干径0.4 m，分枝密度密；芽叶色泽黄绿色、芽叶茸毛多，叶片着生状态上斜，叶形长椭圆形，叶色黄绿色，叶片亮度不亮，平均叶片长宽14.9 cm×5.6 cm，叶面积58.4 cm^2，大叶，叶身平，叶面微隆，叶缘微波，叶基楔形，叶质中，叶尖渐尖，叶脉对数13对，叶齿锯齿形，叶齿密度密，叶齿深度深，叶齿锐度锐，叶柄长1.3 cm、无茸毛，叶背主脉无茸毛；花萼3枚、有茸毛，花萼色泽绿色，花冠长宽4.4 cm×3.8 cm，花瓣6枚，花瓣色泽淡绿色，花瓣长宽2.3 cm×1.6 cm，花瓣质地薄，柱头开裂数3裂，雌雄蕊相对高度雌蕊低，子房3室、无茸毛，花柱长度1.4 cm，花柱裂位中；果实形状球形或三角形，果实大小3.1 cm×2.6 cm，果皮厚度0.3 cm；种子形状球形或三角形，种径大小1.7 cm×1.3 cm，种皮色泽褐色；春茶一芽二叶烘青样水浸出物（WE）47.37 %、茶多酚（TP）19.81 %、氨基酸（AA）6.13 %、咖啡碱（C）3.79 %、儿茶素总量（TC）13.52 %、酚氨比值（TP/AA）3.23，适制普洱茶和绿茶。

16. 坝外3号古茶树

学名：*Camellia sinensis*（L.）O. Kuntze var. *assamica*（masters）Kitamura。位于云南省保山市腾冲市蒲川乡坝外村小坪子，海拔1587 m；树型乔木型，树姿半开张，树高3.0 m，树幅4.3 m×3.3 m，最低分枝高0.5 m，基部干径0.6 m，分枝密度密；芽叶色泽绿色、芽叶茸毛多，叶片着生状态稍上斜，叶形椭圆形，叶色绿色，叶片亮度发亮，平均叶片长宽12.8 cm×5.9 cm，叶面积52.9 cm^2，大叶，叶身内折，叶面隆起，叶缘微波，叶基楔形，叶质中，叶尖渐尖，叶脉对数13对，叶齿锯齿形，叶齿密度稀，叶齿深度中，叶齿锐度锐，叶柄长1.2 cm、有茸毛，叶背主脉茸毛多；花萼5枚、有茸毛，花萼色泽绿色，花冠长宽3.6 cm×3.0 cm，花瓣7枚，花瓣色泽淡绿色，花瓣长宽1.5 cm×1.5 cm，花瓣质地中，柱头开裂数3裂，雌雄蕊相对高度雌蕊高，子房3室、无茸毛，花柱长度1.3 cm，花柱裂位中；果实形状球形或三角形，果实大小3.3 cm×2.5 cm，果皮厚度0.3 cm；种子形状球形或不规则形，种径大小1.5 cm×1.2 cm，种皮色泽褐色；春茶一芽二叶烘青样水浸出物（WE）48.31 %、茶多酚（TP）16.48 %、氨基酸（AA）6.56 %、咖啡碱（C）4.15 %、儿茶素总量（TC）14.61 %、酚氨比值（TP/AA）2.51，适制普洱茶和绿茶。

17. 坝外窝子园古茶树

学名：*Camellia sinensis*（L.）O. Kuntze var. *assamica*（masters）Kitamura。位于云南省保山市腾冲市蒲川乡坝外村小寨（窝子园），海拔1587 m；树型乔木型，树姿半开张，树高10.7 m，树幅6.0 m×5.8 m，最低分枝高1.9 m，基部干径0.3 m，分枝密度密；芽叶色泽黄绿色、芽叶茸毛多，叶片着生状态稍上斜，叶形椭圆形，叶色深绿色，叶片亮度发亮，平均叶片长宽13.8 cm×5.7 cm，叶面积55.1 cm^2，大叶，叶身平，叶面微隆，叶缘微波，叶基楔形，叶质中，叶尖渐尖，叶脉对数12对，叶齿锯齿形，叶齿密度密，叶齿深度深，叶齿锐度锐，叶柄长1.1 cm、无茸毛，叶背主脉茸毛少；花萼3枚、有茸毛，花萼色泽绿色，花冠长宽3.4×3.6 cm，花瓣6枚，花瓣色泽淡绿色，花瓣长宽1.8 cm×1.6 cm，花瓣质地中，柱头开裂数3裂，雌雄蕊相对高度雌蕊高，子房3室、无茸毛，花柱长度1.2 cm，花柱裂位高；果实形状球形或三角形，果实大小2.9 cm×2.2 cm，果皮厚度0.3 cm；种子形状球形、半球形或不规则形，种径大小1.8 cm×1.7 cm，种皮色泽褐色；春茶一芽二叶烘青样水浸出物（WE）46.84％、茶多酚（TP）18.61％、氨基酸（AA）6.39％、咖啡碱（C）3.93％、儿茶素总量（TC）14.33％、酚氨比值（TP/AA）2.91，适制普洱茶和绿茶。

18. 文家塘1号古茶树

学名：*Camellia sinensis*（L.）O. Kuntze var. *assamica*（masters）Kitamura。位于云南省保山市腾冲市芒棒镇上营村委会文家塘村，海拔1844 m；树型乔木型，树姿半开张，树高6.7 m，树幅5.4 m×5.2 m，最低分枝高0.6 m，基部干径0.4 m，分枝密度稀；芽叶色泽黄绿色、芽叶茸毛多，叶片着生状态稍上斜，叶形长椭圆形，叶色绿色，叶片亮度不亮，平均叶片长宽18.8 cm×7.3 cm，叶面积96.1 cm^2，特大叶，叶身内折，叶面隆起，叶缘波，叶基楔形，叶质中，叶尖渐尖，叶脉对数9~13对，叶齿锯齿形，叶齿密度中，叶齿深度中，叶齿锐度锐，叶柄长0.8 cm、有茸毛，叶背主脉茸毛多；花萼5枚、有茸毛、花萼色泽绿色，花冠长宽3.5 cm×2.3 cm，花瓣5枚，花瓣色泽淡绿色，花瓣长宽1.5 cm×1.4 cm，花瓣质地中，柱头开裂数3裂，雌雄蕊相对高度雌蕊高，子房3室、无茸毛，花柱长度1.5 cm，花柱裂位低；果实形状球形、肾形或三角形，果实大小3.0 cm×2.2 cm，果皮厚度0.4 cm；种子形状球形或不规则形，种径大小1.5 cm×0.9 cm，种皮色泽褐色；春茶一芽二叶烘青样水浸出物（WE）49.70%、茶多酚（TP）18.68%、氨基酸（AA）5.23%、咖啡碱（C）3.18%、儿茶素总量（TC）16.7%、酚氨比值（TP/AA）3.57，适制普洱茶和绿茶。

19. 文家塘4号古茶树

学名：*Camellia sinensis*（L.）O. Kuntze var. *assamica*（masters）Kitamura。位于云南省保山市腾冲市芒棒镇上营村委会文家塘村，海拔1832 m；树型乔木型，树姿半开张，树高7.8 m，树幅4.8 m×3.7 m，最低分枝高0.9 m，基部干径0.4 m，分枝密度稀；芽叶色泽黄绿色、芽叶茸毛多，叶片着生状态水平，叶形长椭圆形，叶色绿色，叶片亮度不亮，平均叶片长宽21.6 cm×8.9 cm，叶面积134.6 cm^2，特大叶，叶身稍背卷，叶面微隆，叶缘平，叶基楔形，叶质中，叶尖渐尖，叶脉对数11对，叶齿锯齿形，叶齿密度密，叶齿深度深，叶齿锐度中，叶柄长0.9 cm、有茸毛，叶背主脉茸毛多；花萼4枚、有茸毛，花萼色泽绿色，花冠长宽3.8 cm×3.5 cm，花瓣5枚，花瓣色泽白色，花瓣长宽2.0 cm×1.8 cm，花瓣质地薄，柱头开裂数4裂，雌雄蕊相对高度雌蕊低，子房4室、无茸毛，花柱长度1.3 cm，花柱裂位高；果实形状球形、肾形、三角形或梅花形，果实大小3.4 cm×3.0 cm，果皮厚度0.3 cm；种子形状球形、半球形、似肾形或不规则形，种径大小1.5 cm×1.4 cm，种皮色泽褐色；春茶一芽二叶烘青样水浸出物（WE）49.23 %、茶多酚（TP）19.68 %、氨基酸（AA）7.09 %、咖啡碱（C）3.41 %、儿茶素总量（TC）15.59 %、酚氨比值（TP/AA）2.78，适制普洱茶和绿茶。

20. 平地 1 号古茶树

学名：*Camellia sinensis*（L.）O. Kuntze var. *assamica*（masters）Kitamura。位于云南省保山市腾冲市芒棒镇平地村坡头园，海拔1744 m；树型乔木型，树姿半开张，树高7.7 m，树幅7.5 m×7.1 m，最低分枝高0.8 m，基部干径0.6 m，分枝密度密；芽叶色泽黄绿色、芽叶茸毛多，叶片着生状态稍上斜，叶形长椭圆形，叶色深绿色，叶片亮度发亮，平均叶片长宽18.7 cm×8.0 cm，叶面积104.7 cm^2，特大叶，叶身平，叶面隆起，叶缘微波，叶基楔形，叶质中，叶尖渐尖，叶脉对数16对，叶齿锯齿形，叶齿密度密，叶齿深度中，叶齿锐度中，叶柄长1.3 cm、有茸毛，叶背主脉茸毛多；花萼3枚、有茸毛，花萼色泽绿色，花冠长宽3.6 cm×3.1 cm，花瓣7枚，花瓣色泽淡绿色，花瓣长宽1.8 cm×1.5 cm，花瓣质地薄，柱头开裂数3裂，雌雄蕊相对高度雌蕊高，子房3室或4室、无茸毛，花柱长度1.3 cm，花柱裂位低；果实形状球形、三角形或四方形，果实大小3.4 cm×3.0 cm，果皮厚度0.3 cm；种子形状球形、半球形或不规则形，种径大小1.5 cm×1.3 cm，种皮色泽褐色；春茶一芽二叶烘青样水浸出物（WE）46.14 %、茶多酚（TP）20.44 %、氨基酸（AA）5.12 %、咖啡碱（C）3.92 %、儿茶素总量（TC）18.75 %、酚氨比值（TP/AA）3.99，适制普洱茶和绿茶。

21. 劳家山1号古茶树

学名：*Camellia sinensis*（L.）O. Kuntze var. *assamica*（masters）Kitamura。位于云南省保山市腾冲市芒棒镇赵营村委会赵营村，海拔1738 m；树型乔木型，树姿半开张，树高11.4 m，树幅4.3 m×4.2 m，最低分枝高1.5 m，基部干径0.5 m，分枝密度稀；芽叶色泽黄绿色、芽叶茸毛少，叶片着生状态水平，叶形长椭圆形，叶色绿色，叶片亮度发亮，平均叶片长宽14.8 cm×6.5 cm，叶面积67.3 cm^2，特大叶，叶身内折，叶面隆起，叶缘微波，叶基楔形，叶质中，叶尖渐尖，叶脉对数11对，叶齿锯齿形，叶齿密度中，叶齿深度深，叶齿锐度中，叶柄长1.4 cm、有茸毛，叶背主脉茸毛多；花萼6枚、无茸毛，花萼色泽绿色，花冠长宽3.5 cm×2.3 cm，花瓣5枚，花瓣色泽白色，花瓣长宽2.2 cm×1.9 cm，花瓣质地薄，柱头开裂数3裂，雌雄蕊相对高度雌蕊低，子房3室、有茸毛，花柱长度1.8 cm，花柱裂位低；果实形状球形或三角形，果实大小2.1 cm×0.9 cm，果皮厚度0.3 cm；种子形状球形或三角形，种径大小1.5 cm×1.5 cm，种皮色泽褐色；春茶一芽二叶烘青样水浸出物（WE）49.77%、茶多酚（TP）20.17%、氨基酸（AA）5.05%、咖啡碱（C）3.7%、儿茶素总量（TC）17.85%、酚氨比值（TP/AA）3.99，适制普洱茶和绿茶。

22. 淀元1号古茶树

学名：*Camellia sinensis*（L.）O. Kuntze var. *assamica*（masters）Kitamur。位于云南省保山市腾冲市芒棒镇赵营村委会淀元村，海拔1770 m；树型乔木型，树姿直立，树高8.4 m，树幅4.5 m×5.6 m，最低分枝高0.3 m，基部干径1.8 m，分枝密度密；芽叶色泽黄绿色、芽叶茸毛多，叶片着生状态上斜，叶形长椭圆形，叶色深绿色，叶片亮度发亮，平均叶片长宽10.1 cm×4.3 cm，叶面积30.4 cm^2，中叶，叶身内折，叶面平，叶缘微波，叶基楔形，叶质中，叶尖渐尖，叶脉对数10对，叶齿锯齿形，叶齿密度密，叶齿深度中，叶齿锐度中，叶柄长0.8 cm、有茸毛，叶背主脉茸毛多；花萼7枚、无茸毛，花萼色泽绿色，花冠长宽2.3 cm×2.4 cm，花瓣5枚，花瓣色泽白色，花瓣长宽2.4 cm×2.3 cm，花瓣质地中，柱头开裂数3裂，雌雄蕊相对高度雌蕊低，子房3室、有茸毛，花柱长度1.8 cm，花柱裂位低；果实形状球形、肾形或三角形，果实大小4.1 cm×2.2 cm，果皮厚度0.3 cm；种子形状球形、半球形或似肾形，种径大小1.8 cm×1.6 cm，种皮色泽褐色；春茶一芽二叶烘青样水浸出物（WE）49.05 %、茶多酚（TP）16.04 %、氨基酸（AA）5.05 %、咖啡碱（C）3.92 %、儿茶素总量（TC）13.21 %、酚氨比值（TP/AA）3.18，适制普洱茶和绿茶。

23. 黄梨坡1号古茶树

学名：*Camellia sinensis*（L.）O. Kuntze var. *assamica*（masters）Kitamura。位于云南省保山市腾冲市新华乡中心村，海拔2011 m；树型乔木型，树姿半开张，树高7.5 m，树幅7.0 m×5.7 m，最低分枝高0.9 m，基部干径0.3 m，分枝密度密；芽叶色泽绿色、芽叶无茸毛，叶片着生状态稍上斜，叶形椭圆形，叶色黄绿色，叶片亮度不亮，平均叶片长宽14.9 cm×6.5 cm，叶面积67.8 cm^2，特大叶，叶身背卷，叶面隆起，叶缘波，叶基楔形，叶质中，叶尖急尖，叶脉对数15对，叶齿锯齿形，叶齿密度密，叶齿深度深，叶齿锐度锐，叶柄长0.9 cm、有茸毛，叶背主脉茸毛少；花萼4枚、有茸毛，花萼色泽紫绿色，花冠长宽4.2 cm×3.5 cm，花瓣5枚，花瓣色泽淡绿色，花瓣长宽2.1 cm×1.8 cm，花瓣质地中，柱头开裂数3裂，雌雄蕊相对高度雌蕊高，子房3室、无茸毛，花柱长度1.2 cm，花柱裂位低；果实形状球形、肾形或三角形，果实大小3.3 cm×2.5 cm，果皮厚度0.3 cm；种子形状球形或不规则形，种径大小1.8 cm×1.3 cm，种皮色泽棕褐色；春茶一芽二叶烘青样水浸出物（WE）48.24%、茶多酚（TP）22.87%、氨基酸（AA）3.59%、咖啡碱（C）3.49%、儿茶素总量（TC）13.39%、酚氨比值（TP/AA）6.37，适制普洱茶和绿茶。

24. 绕廊2号古茶树

学名：*Camellia sinensis*（L.）O. Kuntze var. *assamica*（masters）Kitamura。位于云南省保山市龙陵县龙新乡绕廊村麦子地，海拔2158 m；树型乔木型，树姿半开张，树高5.3 m，树幅6.2 m×5.6 m，最低分枝高0.2 m，基部干径0.4 m，分枝密度中；芽叶色泽绿色、芽叶茸毛多，叶片着生状态水平，叶形椭圆形，叶色深绿色，叶片亮度发亮，平均叶片长宽16.2 cm×7.0 cm，叶面积79.4 cm^2，特大叶，叶身背卷，叶面隆起，叶缘波，叶基楔形，叶质中，叶尖钝尖，叶脉对数15对，叶齿锯齿形，叶齿密度密，叶齿深度中，叶齿锐度中，叶柄长1.2 cm、有茸毛，叶背主脉茸毛少；花萼5枚、有茸毛，花萼色泽绿色，花冠长宽4.5 cm×4.2 cm，花瓣14枚，花瓣色泽白色，花瓣长宽2.2 cm×1.7 cm，花瓣质地中，柱头开裂数3裂，雌雄蕊相对高度等高，子房3室、有茸毛，花柱长度2.2 cm，花柱裂位中；果实形状球形或三角形，果实大小3.8 cm×3.4 cm，果皮厚度0.1 cm；种子形状球形、似肾形或不规则形，种径大小1.5 cm×1.4 cm，种皮色泽褐色；春茶一芽二叶烘青样水浸出物（WE）45.37 %、茶多酚（TP）19.79 %、氨基酸（AA）5.09 %、咖啡碱（C）3.40 %、儿茶素总量（TC）6.69 %、酚氨比值（TP/AA）3.89，适制普洱茶和绿茶。

25. 黄家寨 1 号古茶树

学名：*Camellia sinensis*（L.）O. Kuntze var. *assamica*（masters）Kitamura。位于云南省保山市昌宁县漭水镇漭水村黄家寨村民小组黄家大洼，海拔1872 m；树型乔木型，树姿半开张，树高10.0 m，树幅6.0 m×6.0 m，最低分枝高1.4 m，基部干径0.4 m，分枝密度密；芽叶色泽黄绿色、芽叶茸毛多，叶片着生状态稍上斜，叶形长椭圆形，叶色深绿色，叶片亮度发亮，平均叶片长宽17.5 cm×7.6 cm，叶面积93.1 cm^2，特大叶，叶身内折，叶面隆起，叶缘波，叶基楔形，叶质中，叶尖渐尖，叶脉对数13~17对，叶齿锯齿形，叶齿密度中，叶齿深度深，叶齿锐度中，叶柄长1.6 cm、有茸毛，叶背主脉茸毛多；花萼5枚、无茸毛，花萼色泽绿色，花冠长宽4.6 cm×4.2 cm，花瓣5枚，花瓣色泽白色，花瓣长宽1.9 cm×1.5 cm，花瓣质地中，柱头开裂数4裂，雌雄蕊相对高度等高，子房4室、无茸毛，花柱长度1.3 cm，花柱裂位中；果实形状球形、肾形、三角形或四方形，果实大小3.2 cm×1.8 cm，果皮厚度0.2 cm；种子形状球形、似肾形或不规则形，种径大小1.3 cm，种皮色泽棕褐色；春茶一芽二叶烘青样水浸出物（WE）48.53 %、茶多酚（TP）26.49 %、氨基酸（AA）2.52 %、咖啡碱（C）3.56 %、儿茶素总量（TC）15.79 %、酚氨比值（TP/AA）10.51，适制普洱茶、红茶和绿茶。

26. 破石头古茶树

学名：*Camellia sinensis*（L.）O. Kuntze var. *assamica*（masters）Kitamura。位于云南省保山市昌宁县温泉镇联席村破石头村民小组，海拔1990 m；树型乔木型，树姿半开张，树高4.5 m，树幅3.0 m×4.0 m，最低分枝高0.6 m，基部干径0.4 m，分枝密度密；芽叶色泽黄绿色、芽叶茸毛数量中，叶片着生状态稍上斜，叶形长椭圆形，叶色绿色，叶片亮度发亮，平均叶片长宽13.2 cm×5.3 cm，叶面积49.0 cm^2，大叶，叶身内折，叶面微隆，叶缘微波，叶基近圆形，叶质中，叶尖急尖，叶脉对数10~14对，叶齿锯齿形，叶齿密度密，叶齿深度中，叶齿锐度锐，叶柄长1.7 cm、无茸毛，叶背主脉茸毛多；花萼5枚、无茸毛，花萼色泽绿色，花冠长宽3.5 cm×2.8 cm，花瓣5枚，花瓣色泽白色，花瓣长宽1.9 cm×0.9 cm，花瓣质地中，柱头开裂数3裂或4裂，雌雄蕊相对高度雌蕊低，子房3室或4室、无茸毛，花柱长度0.9 cm，花柱裂位中；果实形状肾形、三角形或四方形，果实大小3.2 cm×2.3 cm，果皮厚度0.2 cm；种子形状球形、似肾形或不规则形，种径大小1.7 cm×1.1 cm，种皮色泽棕褐色；春茶一芽二叶烘青样水浸出物（WE）48.52%、茶多酚（TP）23.85%、氨基酸（AA）4.86%、咖啡碱（C）3.39%、儿茶素总量（TC）13.81%、酚氨比值（TP/AA）4.91，适制普洱茶和绿茶。

27. 芭蕉林3号古茶树

学名：*Camellia sinensis*（L.）O. Kuntze var. *assamica*（masters）Kitamura。位于云南省保山市昌宁县温泉镇联席村芭蕉林村民小组，海拔2067 m；树型乔木型，树姿半开张，树高10.2 m，树幅5.0 m×6.0 m，最低分枝高0.3 m，基部干径0.7 m，分枝密度密；芽叶色泽黄绿色、芽叶茸毛数量中，叶片着生状态稍上斜，叶形长椭圆形，叶色绿色，叶片亮度发亮，平均叶片长宽13.2 cm×5.8 cm，叶面积53.6 cm^2，大叶，叶身内折，叶面微隆，叶缘微波，叶基近圆形，叶质中，叶尖急尖，叶脉对数10~15对，叶齿锯齿形，叶齿密度密，叶齿深度深，叶齿锐度中，叶柄长1.8 cm、有茸毛，叶背主脉茸毛少；花萼5枚、无茸毛，花萼色泽绿色，花冠长宽3.2 cm×2.6 cm，花瓣6枚，花瓣色泽白色，花瓣长宽1.5 cm×1.0 cm，花瓣质地中，柱头开裂数5裂，雌雄蕊相对高度雌蕊低，子房5室、有茸毛，花柱长度0.7 cm，花柱裂位中；果实形状球形、肾形或三角形，果实大小2.7 cm×2.0 cm，果皮厚度0.2 cm；种子形状球形、半球形或不规则形，种径大小1.5 cm×1.1 cm，种皮色泽棕褐色；春茶一芽二叶烘青样水浸出物（WE）47.34%、茶多酚（TP）21.12%、氨基酸（AA）4.00%、咖啡碱（C）2.63%、儿茶素总量（TC）10.71%、酚氨比值（TP/AA）5.28，适制普洱茶和绿茶。

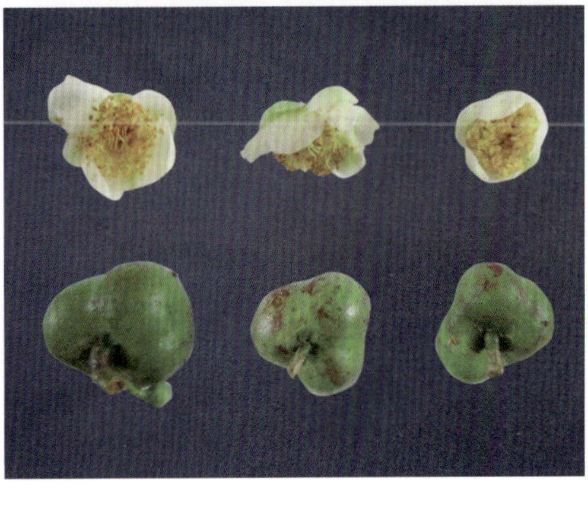

28. 黄家寨3号古茶树

学名：*Camellia sinensis*（L.）O. Kuntze var. *assamica*（masters）Kitamura。位于云南省保山市昌宁县漭水镇漭水村黄家寨村民小组黄家大洼，海拔1848 m；树型乔木型，树姿半开张，树高8.0 m，树幅4.5 m×4.5 m，最低分枝高1.0 m，基部干径0.8 m，分枝密度密；芽叶色泽绿色、芽叶茸毛少，叶片着生状态稍上斜，叶形长椭圆形，叶色绿色，叶片亮度不亮，平均叶片长宽10.4 cm×4.6 cm，叶面积33.5 cm^2，中叶，叶身内折，叶面微隆，叶缘微波，叶基楔形，叶质硬，叶尖渐尖，叶脉对数8~10对，叶齿锯齿形，叶齿密度密，叶齿深度深，叶齿锐度中，叶柄长1.5 cm、有茸毛，叶背主脉茸毛少；花萼2~3枚、无茸毛，花萼色泽绿色，花冠长宽3.4 cm×3.0 cm，花瓣6枚，花瓣色泽白色，花瓣长宽1.6 cm×1.2 cm，花瓣质地中，柱头开裂数3裂或4裂，雌雄蕊相对高度雌蕊低，子房3室或4室、无茸毛，花柱长度1.3 cm，花柱裂位高；果实形状球形、肾形、三角形或四方形，果实大小2.5 cm×1.7 cm，果皮厚度0.1 cm；种子形状球形、半球形或不规则形，种径大小1.5 cm×1.4 cm，种皮色泽棕褐色；春茶一芽二叶烘青样水浸出物（WE）45.74 %、茶多酚（TP）23.50 %、氨基酸（AA）2.1 %、咖啡碱（C）3.5 %、儿茶素总量（TC）14.55 %、酚氨比值（TP/AA）11.19，适制普洱茶、红茶和绿茶。

29. 黄家寨4号古茶树

学名：*Camellia sinensis*（L.）O. Kuntze var. *assamica*（masters）Kitamura。位于云南省保山市昌宁县漭水镇漭水村黄家寨村民小组碓房箐，海拔1880 m；树型乔木型，树姿半开张，树高8.2 m，树幅5.0 m×5.0 m，最低分枝高0.4 m，基部干径0.2 m，分枝密度密；芽叶色泽绿色、芽叶茸毛多，叶片着生状态稍上斜，叶形长椭圆形，叶色深绿色，叶片亮度发亮，平均叶片长宽19.1 cm×7.1 cm，叶面积94.9 cm^2，特大叶，叶身内折，叶面隆起，叶缘波，叶基楔形，叶质中，叶尖渐尖，叶脉对数14~16对，叶齿锯齿形，叶齿密度中，叶齿深度深，叶齿锐度锐，叶柄长1.1 cm、有茸毛，叶背主脉茸毛多；花萼5枚、无茸毛，花萼色泽绿色，花冠长宽2.8 cm×2.3 cm，花瓣5枚，花瓣色泽白色，花瓣长宽1.6 cm×1.3 cm，花瓣质地中，柱头开裂数3裂，雌雄蕊相对高度雌蕊低，子房3室、无茸毛，花柱长度0.6 cm，花柱裂位中；果实形状球形或三角形，果实大小3.7 cm×2.7 cm，果皮厚度0.3 cm；种子形状球形、半球形或不规则形，种径大小1.7 cm×1.4 cm，种皮色泽棕褐色；春茶一芽二叶烘青样水浸出物（WE）48.14 %、茶多酚（TP）27.07 %、氨基酸（AA）4.51 %、咖啡碱（C）3.29 %、儿茶素总量（TC）15.47 %、酚氨比值（TP/AA）6.00，适制普洱茶和绿茶。

30. 黄家寨5号古茶树

学名：*Camellia sinensis*（L.）O. Kuntze var. *assamica*（masters）Kitamura。位于云南省保山市昌宁县漭水镇漭水村黄家寨村民小组黄家大洼，海拔1868 m；树型乔木型，树姿半开张，树高9.0 m，树幅7.0 m×6.0 m，最低分枝高1.0 m，基部干径0.4 m，分枝密度密；芽叶色泽绿色、芽叶茸毛多，叶片着生状态稍上斜，叶形长椭圆形，叶色绿色，叶片亮度发亮，平均叶片长宽14.2 cm×8.4 cm，叶面积83.5 cm^2，特大叶，叶身内折，叶面隆起，叶缘微波，叶基近圆形，叶质中，叶尖圆尖，叶脉对数10~13对，叶齿锯齿形，叶齿密度中，叶齿深度中，叶齿锐度钝，叶柄长0.8 cm、无茸毛，叶背主脉无茸毛；花萼5枚、无茸毛，花萼色泽绿色，花冠长宽2.8 cm×2.6 cm，花瓣5枚，花瓣色泽白色，花瓣长宽1.5 cm×1.1 cm，花瓣质地中，柱头开裂数3裂或4裂，雌雄蕊相对高度雌蕊低，子房3室或4室、有茸毛，花柱长度1.0 cm，花柱裂位中；果实形状肾形、三角形或四方形，果实大小3.3 cm×1.7 cm，果皮厚度0.1 cm；种子形状球形、似肾形或不规则形，种径大小2.0 cm×1.8 cm，种皮色泽棕褐色；春茶一芽二叶烘青样水浸出物（WE）48.49%、茶多酚（TP）24.97%、氨基酸（AA）2.20%、咖啡碱（C）4.29%、儿茶素总量（TC）23.45%，酚氨比值（TP/AA）11.27，适制普洱茶、红茶和绿茶。

31. 团山古茶树

学名：*Camellia sinensis*（L.）O. Kuntze var. *assamica*（masters）Kitamura。位于云南省保山市昌宁县温泉镇联席村团山村民小组，海拔1990 m；树型乔木型，树姿开张，树高15.0 m，树幅3.0 m×4.0 m，最低分枝高0.2 m，基部干径1.0 m，分枝密度密；芽叶色泽黄绿色、芽叶茸毛多，叶片着生状态水平，叶形长椭圆形，叶色绿色，叶片亮度不亮，平均叶片长宽13.5 cm×5.7 cm，叶面积53.9 cm^2，大叶，叶身内折，叶面微隆，叶缘微波，叶基楔形，叶质中，叶尖急尖，叶脉对数12~15对，叶齿锯齿形，叶齿密度中，叶齿深度中，叶齿锐度中，叶柄长1.6 cm、有茸毛，叶背主脉茸毛多；花萼5枚、无茸毛，花萼色泽绿色，花冠长宽4.3 cm×6.0 cm，花瓣6枚，花瓣色泽白色，花瓣长宽4.3 cm×6.0 cm，花瓣质地中，柱头开裂数3裂或4裂，雌雄蕊相对高度雌蕊低，子房3室或4室、无茸毛，花柱长度0.7 cm，花柱裂位中；果实形状球形、肾形或三角形，果实大小3.1 cm×2.1 cm，果皮厚度0.2 cm；种子形状球形或不规则形，种径大小2.1 cm×1.7 cm，种皮色泽棕褐色；春茶一芽二叶烘青样水浸出物（WE）45.45 %、茶多酚（TP）23.41 %、氨基酸（AA）2.28 %、咖啡碱（C）3.08 %、儿茶素总量（TC）14.93 %、酚氨比值（TP/AA）10.27，适制普洱茶、红茶和绿茶。

32. 小古德 2 号古茶树

学名：*Camellia sinensis*（L.）O. Kuntze var. *assamica*（masters）Kitamura。位于云南省大理白族自治州南涧彝族自治县无量山镇古德村委会小古德茶场，海拔2024 m；树型乔木型，树姿半开张，树高7.0 m，树幅5.2 m×5.1 m，最低分枝高1.7 m，基部干径0.4 cm，分枝密度密；芽叶色泽绿色、芽叶茸毛多，叶片着生状态稍上斜，叶形披针形，叶色深绿色，叶片亮度发亮，平均叶片长宽13.3 cm×4.4 cm，叶面积41.0 cm^2，大叶，叶身平，叶面平，叶缘微波，叶基楔形，叶质中，叶尖渐尖或急尖，叶脉对数13~14对，叶齿锯齿形，叶齿密度中，叶齿深度浅，叶齿锐度锐，叶柄长1.3 cm、有茸毛，叶背主脉茸毛数量中；花萼5枚、无茸毛，花萼色泽绿色，花冠长宽4.2 cm×4.1 cm，花瓣5~7枚、花瓣色泽淡绿色，花瓣长宽1.4cm×1.2cm，花瓣质地薄，柱头开裂数3裂，雌雄蕊相对高度雌蕊高，子房3室、有茸毛，花柱长度1.3 cm，花柱裂位低；果实形状球形、肾形或三角形，果实大小1.3 cm×1.4 cm，果皮厚度0.2 cm；种子形状球形、似肾形或不规则形，种径大小1.6 cm×1.5 cm，种皮色泽棕褐色，种子百粒重168.0 g；春茶一芽二叶晒青样水浸出物（WE）47.54 %、茶多酚（TP）22.08 %、氨基酸（AA）3.62 %、咖啡碱（C）3.07 %、儿茶素总量（TC）14.59 %、酚氨比值（TP/AA）6.10，适制普洱茶和绿茶。

33. 大椿树1号古茶树

学名：*Camellia sinensis*（L.）O. Kuntze var. *assamica*（masters）Kitamura。位于云南省大理白族自治州南涧彝族自治县无量山镇德安村委会大椿树村，海拔2125 m；树型小乔木型，树姿直立，树高7.4 m，树幅5.6 m×5.4 m，最低分枝高0.5 m，基部干径0.4 m，分枝密度密；芽叶色泽黄绿色、芽叶茸毛多，叶片着生状态水平，叶形椭圆形，叶色绿色，叶片亮度发亮，平均叶片长宽13.1 cm×6.3 cm，叶面积57.8 cm^2，大叶，叶身平，叶面微隆，叶缘平，叶基楔形，叶质中，叶尖渐尖，叶脉对数8~11对，叶齿锯齿形，叶齿密度密，叶齿深度浅，叶齿锐度锐，叶柄长1.0 cm、有茸毛，叶背主脉茸毛少；花萼5枚、无茸毛，花萼色泽绿色，花冠长宽2.5 cm×2.3 cm，花瓣6~7枚，花瓣色泽淡红色，花瓣长宽1.5 cm×1.1 cm，花瓣质地薄，柱头开裂数3裂，雌雄蕊相对高度等高，子房3室、有茸毛，花柱长度1.1 cm，花柱裂位低；果实形状肾形或三角形，果实大小3.3 cm×2.7 cm，果皮厚度0.1 cm；种子形状球形、半球形或不规则形，种径大小1.5 cm×1.4 cm，种皮色泽棕褐色，种子百粒重215.0 g；春茶一芽二叶晒青样水浸出物（WE）45.04 %、茶多酚（TP）26.10 %、氨基酸（AA）3.33 %、咖啡碱（C）3.20 %、儿茶素总量（TC）13.30 %、酚氨比值（TP/AA）7.84，适制普洱茶和绿茶。

34. 大箐1号古茶树

学名：*Camellia sinensis*（L.）O. Kuntze var. *assamica*（masters）Kitamura。位于云南省大理白族自治州南涧彝族自治县宝华镇无量村委会大箐村，海拔2000 m；树型小乔木型，树姿半开张，树高5.2 m，树幅3.9 m×4.2 m，最低分枝高0.6 m，基部干径28.7 cm，分枝密度稀；芽叶色泽绿色、芽叶茸毛多，叶片着生状态稍上斜，叶形椭圆形，叶色黄绿色，叶片亮度不亮，平均叶片长宽14.7 cm×6.2 cm，叶面积63.8 cm^2，特大叶，叶身平，叶面隆起，叶缘微波，叶基楔形，叶质中，叶尖渐尖，叶脉对数12~15对，叶齿锯齿形，叶齿密度稀，叶齿深度深，叶齿锐度锐，叶柄长1.1 cm、有茸毛，叶背主脉茸毛少；花萼4~5枚、无茸毛，花萼色泽绿色，花冠长宽2.7 cm×2.5 cm，花瓣7枚、花瓣色泽淡绿色，花瓣长宽1.7 cm×1.3 cm，花瓣质地薄，柱头开裂数3裂，雌雄蕊相对高度雌蕊低或等高，子房3室、有茸毛，花柱长度0.8 cm，花柱裂位高；果实形状球形或三角形，果实大小2.8 cm×2.5 cm，果皮厚度0.3 cm；种子形状球形、半球形或不规则形，种径大小1.2 cm×0.8 cm，种皮色泽棕褐色，种子百粒重255.0 g；春茶一芽二叶晒青样水浸出物（WE）51.9 %、茶多酚（TP）21.8 %、氨基酸（AA）2.80 %、咖啡碱（C）4.20 %、儿茶素总量（TC）7.54 %、酚氨比值（TP/AA）7.79，适制普洱茶和绿茶。

35. 福利村 1 号古茶树

学名：*Camellia sinensis*（L.）O. Kuntze var. *assamica*（masters）Kitamura。位于云南省大理白族自治州南涧彝族自治县宝华镇拥政村委会福利村，海拔1979 m；树型小乔木型，树姿半开张，树高6.1 m，树幅4.3 m×3.9 m，最低分枝高0.3 m，基部干径0.5 cm，分枝密度密；芽叶色泽黄绿色、芽叶茸毛特多，叶片着生状态稍上斜，叶形椭圆形，叶色绿色，叶片亮度不亮，平均叶片长宽13.5 cm×5.7 cm，叶面积53.9 cm^2，大叶，叶身平，叶面隆起，叶缘平，叶基楔形，叶质柔软，叶尖渐尖，叶脉对数9~12对，叶齿锯齿形，叶齿密度中，叶齿深度浅，叶齿锐度中，叶柄长1.9 cm、有茸毛，叶背主脉茸毛数量中；花萼5枚、无茸毛，花萼色泽绿色，花冠长宽1.7 cm×1.8 cm，花瓣6枚、花瓣色泽淡红色，花瓣长宽1.5 cm×1.1 cm，花瓣质地薄，柱头开裂数3裂，雌雄蕊相对高度雌蕊低，子房3室、有茸毛，花柱长度0.8 cm，花柱裂位高；果实形状球形，果实大小1.9 cm×2.0 cm，果皮厚度0.1 cm；种子形状球形，种径大小1.3 cm×1.3 cm，种皮色泽棕褐色，种子百粒重233.0 g；春茶一芽二叶晒青样水浸出物（WE）48.50%、茶多酚（TP）24.98%、氨基酸（AA）2.41%、咖啡碱（C）3.59%、儿茶素总量（TC）14.87%、酚氨比值（TP/AA）10.37，适制普洱茶、红茶和绿茶。

36. 回龙山1号古茶树

学名：*Camellia sinensis*（L.）O. Kuntze var. *assamica*（masters）Kitamura。位于云南省大理白族自治州南涧彝族自治县碧溪乡回龙山村委会回龙山村，海拔2091 m；树型小乔木型，树姿半开张，树高6.7 m，树幅5.4 m×5.0 m，最低分枝高0.9 m，基部干径0.6 cm，分枝密度密；芽叶色泽绿色、芽叶茸毛多，叶片着生状态稍上斜，叶形椭圆形，叶色绿色，叶片亮度不亮，平均叶片长宽12.8 cm×5.9 cm，叶面积52.9 cm^2，大叶，叶身平，叶面隆起，叶缘微波，叶基楔形，叶质柔软，叶尖渐尖，叶脉对数8~10对，叶齿锯齿形，叶齿密度稀，叶齿深度中，叶齿锐度锐，叶柄长1.4 cm、有茸毛，叶背主脉茸毛数量中；花萼5枚、无茸毛，花萼色泽绿色，花冠长宽2.7 cm×2.9 cm，花瓣6~7枚、花瓣色泽白色，花瓣长宽1.9 cm×1.1 cm，花瓣质地薄，柱头开裂数2裂或3裂，雌雄蕊相对高度雌蕊高或等高，子房2室或3室、有茸毛，花柱长度1.0 cm，花柱裂位高；果实形状球形，果实大小2.8 cm×2.5 cm，果皮厚度0.2 cm；种子形状球形或半球形，种径大小1.2 cm×1.3 cm，种皮色泽棕褐色，种子百粒重320.0 g；春茶一芽二叶晒青样水浸出物（WE）51.80 %、茶多酚（TP）25.6 %、氨基酸（AA）4.6 %、咖啡碱（C）5.2 %、儿茶素总量（TC）21.64 %、酚氨比值（TP/AA）5.57，适制普洱茶和绿茶。

37. 回龙山2号古茶树

学名：*Camellia sinensis*（L.）O. Kuntze var. *assamica*（masters）Kitamura。位于云南省大理白族自治州南涧彝族自治县碧溪乡回龙山村委会回龙山村，海拔2124 m；树型小乔木型，树姿半开张，树高5.8 m，树幅5.8 m×4.7 m，最低分枝高0.4 m，基部干径31.8 cm，分枝密度密；芽叶色泽绿色、芽叶茸毛多，叶片着生状态稍上斜，叶形椭圆形，叶色深绿色，叶片亮度发亮，平均叶片长宽12.9 cm×5.8 cm，叶面积52.4 cm^2，大叶，叶身平，叶面隆起，叶缘微波，叶基楔形，叶质柔软，叶尖渐尖，叶脉对数9~11对，叶齿锯齿形，叶齿密度稀，叶齿深度浅，叶齿锐度钝，叶柄长1.6 cm、无茸毛，叶背主脉茸毛少；花萼5枚、无茸毛，花萼色泽绿色，花冠长宽3.2 cm×3.0 cm，花瓣6~8枚、花瓣色泽白色，花瓣长宽2.1 cm×1.4 cm，花瓣质地中，柱头开裂数3裂，雌雄蕊相对高度雌蕊低，子房3室、有茸毛，花柱长度1.2 cm，花柱裂位低；果实形状球形或三角，果实大小2.3 cm×2.3 cm，果皮厚度0.2 cm；种子形状球形、半球形或不规则形，种径大小1.1 cm×1.2 cm，种皮色泽棕褐色，种子百粒重133.0 g；春茶一芽二叶晒青样水浸出物49.4 %、茶多酚27.7 %、氨基酸3.5 %、咖啡碱4.6 %、儿茶素总量21.90 %、酚氨比值（TP/AA）7.91，适制普洱茶和绿茶。

38. 洒马路1号古茶树

学名：*Camellia sinensis*（L.）O. Kuntze var. *assamica*（masters）Kitamura。位于云南省大理白族自治州南涧彝族自治县公郎镇龙平村委会洒马路村，海拔1927 m；树型小乔木型，树姿半开张，树高7.1 m，树幅7.0 m×5.1 m，最低分枝高0.8 m，基部干径0.5 m，分枝密度中；芽叶色泽绿色、芽叶茸毛特多，叶片着生状态上斜，叶形椭圆形，叶色黄绿色，叶片亮度不亮，平均叶片长宽11.1 cm×4.4 cm，叶面积34.2 cm^2，中叶，叶身内折，叶面平，叶缘平，叶基楔形，叶质中，叶尖渐尖，叶脉对数8~10对，叶齿锯齿形，叶齿密度中，叶齿深度中，叶齿锐度锐，叶柄长1.7 cm、有茸毛，叶背主脉茸毛数量中；花萼5枚、无茸毛，花萼色泽绿色，花冠长宽2.0 cm×1.9 cm，花瓣6枚、花瓣色泽淡红色，花瓣长宽1.4 cm×1.0 cm，花瓣质地薄，柱头开裂数3裂，雌雄蕊相对高度雌蕊高、雌蕊低或等高，子房3室、有茸毛，花柱长度1.0 cm，花柱裂位高；果实形状球形、肾形或三角形，果实大小2.6 cm×2.3 cm，果皮厚度0.2 cm；种子形状球形、半球形或不规则形，种径大小1.3 cm×1.4 cm，种皮色泽棕褐色，种子百粒重192.0 g；春茶一芽二叶晒青样水浸出物（WE）49.09 %、茶多酚（TP）21.63 %、氨基酸（AA）6.74 %、咖啡碱（C）4.80 %、儿茶素总量（TC）16.39 %、酚氨比值（TP/AA）3.21，适制普洱茶和绿茶。

39. 洒马路2号古茶树

学名：*Camellia sinensis*（L.）O. Kuntze var. *assamica*（masters）Kitamura。位于云南省大理白族自治州南涧彝族自治县公郎镇龙平村委会洒马路村，海拔1927 m；树型小乔木型，树姿半开张，树高3.9 m，树幅5.4 m×4.6 m，最低分枝高0.4 m，基部干径0.3 m，分枝密度稀；芽叶色泽黄绿色、芽叶茸毛数量中，叶片着生状态水平，叶形椭圆形，叶色绿色，叶片亮度不亮，平均叶片长宽11.3 cm×4.9 cm，叶面积38.8 cm^2，中叶，叶身平，叶面隆起，叶缘微波，叶基楔形，叶质柔软，叶尖渐尖或钝尖，叶脉对数8~11对，叶齿锯齿形，叶齿密度中，叶齿深度浅，叶齿锐度锐，叶柄长1.5 cm、有茸毛，叶背主脉茸毛少；花萼5枚、无茸毛，花萼色泽绿色，花冠长宽2.1 cm×2.2 cm，花瓣5~6枚，花瓣色泽淡绿色，花瓣长宽1.4 cm×1.0 cm，花瓣质地薄，柱头开裂数3裂，雌雄蕊相对高度雌蕊低或等高，子房3室、有茸毛，花柱长度1.0 cm，花柱裂位高；果实形状球形、肾形或三角形，果实大小2.4 cm×1.9 cm，果皮厚度0.1 cm；种子形状球形、似肾形或不规则形，种径大小1.3 cm×1.4 cm，种皮色泽棕褐色，种子百粒重183.0 g；春茶一芽二叶晒青样水浸出物49.2 %、茶多酚19.1 %、氨基酸7.8 %、咖啡碱4.2 %、儿茶素总量（TC）14.79 %、酚氨比值（TP/AA）2.45，适制普洱茶和绿茶。

40. 茶花树2号古茶树

学名：*Camellia sinensis*（L.）O. Kuntze var. *assamica*（masters）Kitamura。位于云南省大理白族自治州南涧彝族自治县公郎镇官地村委会茶花树小水井村，海拔1972 m；树型小乔木型，树姿半开张，树高7.1 m，树幅5.6 m×5.6 m，最低分枝高0.5 m，基部干径0.5 m，分枝密度密；芽叶色泽黄绿色、芽叶茸毛多，叶片着生状态水平，叶形椭圆形，叶色绿色，叶片亮度不亮，平均叶片长宽9.6 cm×3.6 cm，叶面积24.2 cm^2，中叶，叶身平，叶面平，叶缘平，叶基楔形，叶质中，叶尖渐尖，叶脉对数8~10对，叶齿锯齿形，叶齿密度中，叶齿深度浅，叶齿锐度锐，叶柄长2.0 cm、有茸毛，叶背主脉茸毛多；花萼4~5枚、有茸毛，花萼色泽绿色，花冠长宽2.8 cm×2.8 cm，花瓣6枚，花瓣色泽白色，花瓣长宽1.7 cm×1.4 cm，花瓣质地薄，柱头开裂数3裂，雌雄蕊相对高度雌蕊低，子房3室、有茸毛，花柱长度1.3 cm，花柱裂位低；果实形状球形、肾形或三角形，果实大小2.4 cm×2.2 cm，果皮厚度0.3 cm；种种子形状球形或似肾形，种径大小1.3 cm×1.4 cm，种皮色泽褐色，种子百粒重155.0 g；春茶一芽二叶晒青样水浸出物（WE）48.76%、茶多酚（TP）22.71%、氨基酸（AA）2.39%、咖啡碱（C）2.78%、儿茶素总量（TC）18.04%、酚氨比值（TP/AA）9.50，适制普洱茶、红茶和绿茶。

41. 子宜乐3号古茶树

学名：*Camellia sinensis*（L.）O. Kuntze var. *assamica*（masters）Kitamura。位于云南省大理白族自治州南涧彝族自治县公郎镇新合村委会子宜乐村，海拔2118 m；树型小乔木型，树姿半开张，树高6.5 m，树幅6.8 m×6.4 m，最低分枝高0.3 m，基部干径0.5 m，分枝密度中；芽叶色泽黄绿色、芽叶茸毛多，叶片着生状态稍上斜，叶形椭圆形，叶色绿色，叶片亮度不亮，平均叶片长宽9.5 cm×4.0 cm，叶面积26.6 cm^2，中叶，叶身平，叶面平，叶缘微波，叶基近圆形，叶质中，叶尖渐尖，叶脉对数8~10对，叶齿锯齿形，叶齿密度中，叶齿深度中，叶齿锐度锐，叶柄长1.5 cm、有茸毛，叶背主脉无茸毛；花萼5枚、无茸毛，花萼色泽绿色，花冠长宽1.9 cm×2.1 cm，花瓣6~7枚，花瓣色泽淡红色，花瓣长宽1.4 cm×0.9 cm，花瓣质地薄，柱头开裂数3裂，雌雄蕊相对高度雌蕊低或等高，子房3室、有茸毛，花柱长度1.1 cm，花柱裂位低；果实形状球形、肾形或三角形，果实大小2.0 cm×2.3 cm，果皮厚度0.1；种子形状球形、半球形或似肾形，种径大小1.7 cm×1.8 cm，种皮色泽棕褐色；春茶一芽二叶晒青样水浸出物（WE）48.46 %、茶多酚（TP）27.05 %、氨基酸（AA）4.19 %、咖啡碱（C）3.42 %、儿茶素总量（TC）16.59 %、酚氨比值（TP/AA）6.46，适制普洱茶和绿茶。

42. 龙华2号古茶树

学名：*Camellia sinensis*（L.）O. Kuntze var. *assamica*（masters）Kitamura。位于云南省大理白族自治州南涧彝族自治县小湾东镇龙门村委会龙华三社，海拔2021 m；树型小乔木型，树姿半开张，树高6.2 m，树幅5.4 m×4.3 m，最低分枝高0.7 m，基部干径0.5 cm，分枝密度中；芽叶色泽绿色、芽叶无茸毛，叶片着生状态上斜，叶形椭圆形，叶色深绿色，叶片亮度发亮，平均叶片长宽11.8 cm×5.6 cm，叶面积46.3 cm^2，大叶，叶身平，叶面隆起，叶缘微波，叶基楔形，叶质中，叶尖渐尖或钝尖，叶脉对数8~10对，叶齿锯齿形，叶齿密度中，叶齿深度浅，叶齿锐度锐，叶柄长1.6 cm、有茸毛，叶背主脉茸毛少；花萼5枚、无茸毛，花萼色泽绿色，花冠长宽2.3 cm×2.4 cm，花瓣6~7枚、花瓣色泽淡绿色，花瓣长宽1.7 cm×1.4 cm，花瓣质地薄，柱头开裂数2裂或3裂，雌雄相对高度雌蕊高，子房2室或3室、有茸毛，花柱长度1.3 cm，花柱裂位低；果实形状肾形或三角形，果实大小3.0 cm×4.8 cm，果皮厚度0.3 cm；种子形状球形或不规则形，种径大小1.3 cm×1.2 cm，种皮色泽棕褐色，种子百粒重230.0 g；春茶一芽二叶晒青样水浸出物（WE）44.37 %、茶多酚（TP）17.50 %、氨基酸（AA）6.07 %、咖啡碱（C）3.91 %、儿茶素总量（TC）14.77 %、酚氨比值（TP/AA）2.88，适制普洱茶和绿茶。

43. 马扎福地2号古茶树

学名：*Camellia sinensis*（L.）O. Kuntze var. *assamica*（masters）Kitamura。位于云南省大理白族自治州南涧彝族自治县小湾东镇龙街村委会马扎福地村，海拔2275 m；树型小乔木型，树姿开张，树高5.4 m，树幅6.7 m×7.2 m，最低分枝高0.9 m，基部干径0.4 m，分枝密度密；芽叶色泽绿色、芽叶茸毛多，叶片着生状态水平，叶形长椭圆形，叶色绿色，叶片亮度不亮，平均叶片长宽11.7 cm×4.4 cm，叶面积36.0 cm^2，中叶，叶身平，叶面隆起，叶缘平，叶基楔形，叶质硬，叶尖渐尖，叶脉对数8~10对，叶齿锯齿形，叶齿密度中，叶齿深度浅，叶齿锐度锐，叶柄长2.1 cm、有茸毛，叶背主脉茸毛数量中；花萼5~6枚、无茸毛，花萼色泽绿色，花冠长宽2.5 cm×2.5 cm，花瓣5~6枚、花瓣色泽淡绿色，花瓣长宽1.6 cm×1.5 cm，花瓣质地薄，柱头开裂数3裂，雌雄蕊相对高度等高，子房3室、有茸毛，花柱长度1.3 cm，花柱裂位中；果实形状球形或肾形，果实大小2.4 cm×2.0 cm，果皮厚度0.2 cm；种子形状球形、半球形或似肾形，种径大小1.1 cm×1.3 cm，种皮色泽棕褐色，种子百粒重350.0 g；春茶一芽二叶晒青样水浸出物（WE）46.50 %、茶多酚（TP）24.60 %、氨基酸（AA）5.30 %、咖啡碱（C）5.20 %、儿茶素总量（TC）18.50 %、酚氨比值（TP/AA）4.64，适制普洱茶和绿茶。

44. 马扎福地4号古茶树

学名：*Camellia sinensis*（L.）O. Kuntze var. *assamica*（masters）Kitamura。位于云南省大理白族自治州南涧彝族自治县小湾东镇龙街村委会马扎福地村，海拔2230 m；树型小乔木型，树姿直立，树高6.8 m，树幅6.0 m×4.0 m，最低分枝高0.4 m，基部干径0.5 m，分枝密度密；芽叶色泽绿色、芽叶茸毛少，叶片着生状态稍上斜，叶形长椭圆形，叶色绿色，叶片亮度不亮，平均叶片长宽13.7 cm×5.3 cm，叶面积50.8 cm^2，大叶，叶身平，叶面微隆，叶缘平，叶基楔形，叶质柔软，叶尖渐尖，叶脉对数10~12对，叶齿锯齿形，叶齿密度稀，叶齿深度深，叶齿锐度钝，叶柄长1.5 cm、有茸毛，叶背主脉茸毛少；花萼4~5枚、无茸毛，花萼色泽绿色，花冠长宽3.0 cm×3.0 cm，花瓣6枚，花瓣色泽淡绿色，花瓣长宽2.0 cm×1.3 cm，花瓣质地薄，柱头开裂数3裂，雌雄蕊相对高度雌蕊高，子房3室、有茸毛，花柱长度1.3 cm，花柱裂位高；果实形状球形、肾形或三角形 ，果实大小2.6 cm×2.4 cm，果皮厚度0.1 cm；种子形状 种子形状球形、半球形或不规则形，种径大小1.3 cm×1.2 cm，种皮色泽棕褐色，种子百粒重226.0 g；春茶一芽二叶晒青样水浸出物（WE）48.7 %、茶多酚（TP）24.2 %、氨基酸（AA）4.9 %、咖啡碱（C）4.7 %、儿茶素总量（TC）17.57 %、酚氨比值（TP/AA）4.94，适制普洱茶和绿茶。

45. 大麦地古茶树

学名：*Camellia sinensis*（L.）O. Kuntze var. *assamica*（masters）Kitamura。位于云南省大理白族自治州南涧彝族自治县拥翠乡龙凤村委会大麦地村，海拔2020 m；树型乔木型，树姿半开张，树高6.7 m，树幅5.9 m×5.5 m，最低分枝高0.6 m，基部干径0.3 m，分枝密度稀；芽叶色泽黄绿色、芽叶茸毛特多，叶片着生状态稍上斜，叶形椭圆形，叶色绿色，叶片亮度发亮，平均叶片长宽13.7 cm×6.2 cm，叶面积59.5 cm^2，大叶，叶身平，叶面隆起，叶缘微波，叶基楔形，叶质柔软，叶尖渐尖，叶脉对数8~11对，叶齿锯齿形，叶齿密度中，叶齿深度浅，叶齿锐度锐，叶柄长1.2 cm、有茸毛，叶背主脉茸毛少；花萼5枚、无茸毛，花萼色泽绿色，花冠长宽2.9 cm×3.0 cm，花瓣6枚、花瓣色泽白色，花瓣长宽1.8 cm×1.4 cm，花瓣质地薄，柱头开裂数2裂或3裂，雌雄蕊相对高度雌蕊高，子房2室或3室、有茸毛，花柱长度1.3 cm，花柱裂位中；果实形状球形或肾形，果实大小2.2 cm×2.0 cm，果皮厚度0.1 cm；种子形状球形或似肾形，种径大小1.2 cm×1.1 cm，种皮色泽棕褐色，种子百粒重123.6 g；春茶一芽二叶晒青样水浸出物（WE）40.95%、茶多酚（TP）24.96%、氨基酸（AA）4.22%、咖啡碱（C）3.07%、儿茶素总量（TC）15.45%、酚氨比值（TP/AA）5.91，适制普洱茶和绿茶。

46. 大核桃箐1号古茶树

学名：*Camellia sinensis*（L.）O. Kuntze var. *assamica*（masters）Kitamura。位于云南省大理白族自治州弥渡县牛街彝族乡荣华村委会大核桃箐村，海拔2205 m；树型小乔木型，树姿开张，树高6.4 m，树幅8.0 m×7.5 m，最低分枝高1.8 m，基部干径0.5 m，分枝密度稀；芽叶色泽黄绿色、芽叶茸毛多，叶片着生状态稍上斜，叶形椭圆形，叶色深绿色，叶片亮度发亮，平均叶片长宽14.1 cm×5.9 cm，叶面积58.2 cm^2，大叶，叶身内折，叶面微隆，叶缘微波，叶基楔形，叶质柔软，叶尖渐尖，叶脉对数11对，叶齿锯齿形，叶齿密度密，叶齿深度中，叶齿锐度锐，叶柄长1.3 cm、有茸毛，叶背主脉茸毛多；花萼5枚、有茸毛，花萼色泽绿色，花冠长宽3.4 cm×2.6 cm，花瓣5枚，花瓣色泽淡绿色，花瓣长宽1.7 cm×1.3 cm，花瓣质地中，柱头开裂数3裂，雌雄蕊相对高度等高，子房3室、有茸毛，花柱长度1.1 cm，花柱裂位低；果实形状球形、肾形或三角形，果实大小2.3 cm×2.2 cm，果皮厚度0.1 cm；种子形状球形、似肾形或不规则形，种径大小1.4 cm×1.3 cm，种皮色泽棕褐色；春茶一芽二叶晒青样水浸出物（WE）45.05 %、茶多酚（TP）24.64 %、氨基酸（AA）5.12 %、咖啡碱（C）3.21 %、儿茶素总量（TC）12.77 %、酚氨比值（TP/AA）4.81，适制普洱茶和绿茶。

47. 茶叶河6号古茶树

学名：*Camellia sinensis*（L.）O. Kuntze var. *assamica*（masters）Kitamura。位于云南省大理白族自治州永平县水泄彝族乡狮子窝村茶叶河组，海拔2038 m；树型乔木型，树姿半开张，树高9.0 m，树幅4.2 m×5.4 m，最低分枝高0.3 m，基部干径0.3 m，分枝密度中；芽叶色泽紫绿色、芽叶无茸毛，叶片着生状态水平，叶形卵圆形，叶色深绿色，叶片亮度发亮，平均叶片长宽12.0 cm×5.5 cm，叶面积46.2 cm^2，大叶，叶身内折，叶面微隆，叶缘平，叶基楔形，叶质中，叶尖渐尖，叶脉对数9~11对，叶齿锯齿形，叶齿密度稀，叶齿深度浅，叶齿锐度中，叶柄长1.7 cm、无茸毛，叶背主脉无茸毛；花萼5枚、无茸毛，花萼色泽绿色，花冠长宽3.8 cm×3.3 cm，花瓣9~11枚、花瓣色泽白色，花瓣长宽1.9 cm×2.2 cm，花瓣质地中，柱头开裂数3裂或4裂，雌雄蕊相对高度雌蕊低或等高，子房3室或4室、有茸毛，花柱长度1.4 cm，花柱裂位高；果实形状球形或四方形，果实大小3.7 cm×3.4 cm，果皮厚度0.1 cm；种子形状球形、半球形或不规则形，种径大小1.1 cm×1.4 cm，种皮色泽棕褐色，种子百粒重230.0 g；春茶一芽二叶晒青样水浸出物（WE）49.2 %、茶多酚（TP）19.0 %、氨基酸（AA）3.1 %，咖啡碱（C）2.9 %、儿茶素总量（TC）10.05 %、酚氨比值（TP/AA）6.13，适制普洱茶和绿茶。

48. 新旺村 1 号古茶树

学名：*Camellia sinensis*（L.）O. Kuntze var. *assamica*（masters）Kitamura。位于云南省大理白族自治州南涧彝族自治县无量山镇德安村委会新旺村，海拔1957 m；树型小乔木型，树姿半开张，树高5.8 m，树幅8.0 m×7.0 m，最低分枝高1.4 m，基部干径0.5 m，分枝密度密；芽叶色泽黄绿色、芽叶茸毛数量中，叶片着生状态稍上斜，叶形长椭圆形，叶色绿色，叶片亮度不亮，平均叶片长宽8.7 cm×3.2 cm，叶面积19.5 cm^2，小叶，叶身平，叶面微隆，叶缘平，叶基楔形，叶质中，叶尖渐尖，叶脉对数7~9对，叶齿锯齿形，叶齿密度密，叶齿深度浅，叶齿锐度锐，叶柄长1.6 cm、有茸毛，叶背主脉茸毛少；花萼5枚、无茸毛，花萼色泽绿色，花冠长宽2.0 cm×1.9 cm，花瓣6~7枚、花瓣色泽淡红色，花瓣长宽1.3 cm×1.0 cm，花瓣质地薄，柱头开裂数2裂或3裂，雌雄蕊相对高度雌蕊低或等高，子房2室或3室、有茸毛，花柱长度0.8 cm，花柱裂位低；果实形状球形、肾形或三角形，果实大小2.2 cm×2.0 cm；果皮厚度0.1 cm；种子形状球形、似肾形或不规则形，种径大小1.4 cm×1.3 cm，种皮色泽褐色，种子百粒重124.6 g；春茶一芽二叶晒青样水浸出物（WE）50.50 %、茶多酚（TP）18.30 %、氨基酸（AA）3.70 %、咖啡碱（C）4.30 %、儿茶素总量（TC）15.01 %、酚氨比值（TP/AA）4.95，适制普洱茶和绿茶。

49. 新旺村2号古茶树

学名：*Camellia sinensis*（L.）O. Kuntze var. *assamica*（masters）Kitamura。位于云南省大理白族自治州南涧彝族自治县无量山镇德安村委会新旺村，海拔1973 m；树型小乔木型，树姿半开张，树高3.5 m，树幅4.3 m×4.4 m，最低分枝高0.3 m，基部干径0.5 cm，分枝密度密；芽叶色泽黄绿色、芽叶茸毛多，叶片着生状态稍上斜，叶形长椭圆形，叶色绿色，叶片亮度不亮，平均叶片长宽9.0 cm×3.5 cm，叶面积22.1 cm^2，中叶，叶身平，叶面微隆，叶缘平，叶基楔形，叶质中，叶尖渐尖，叶脉对数8~9对，叶齿锯齿形，叶齿密度密，叶齿深度浅，叶齿锐度锐，叶柄长1.5cm、有茸毛，叶背主脉茸毛少；花萼5枚、无茸毛，花萼色泽绿色，花冠长宽2.2cm×2.0cm，花瓣7枚、花瓣色泽淡红色，花瓣长宽1.2cm×1.0cm，花瓣质地薄，柱头开裂数3裂，雌雄蕊相对高度雌蕊低或等高，子房3室、有茸毛，花柱长度1.1 cm，花柱裂位高；果实形状肾形或三角形，果实大小2.1 cm×2.0 cm，果皮厚度0.2 cm；种子形状球形或似肾形，种径大小1.4cm×1.3cm，种皮色泽棕褐色；种子百粒重188.0g，春茶一芽二叶晒青样水浸出物（WE）50.6%、茶多酚（TP）24.0%、氨基酸（AA）4.2%、咖啡碱（C）4.3%、儿茶素总量（TC）18.87%、酚氨比值（TP/AA）5.71，适制普洱茶和绿茶。

50. 黄草坝1号古茶树

学名：*Camellia sinensis*（L.）O. Kuntze var. *assamica*（masters）Kitamura。位于云南省大理白族自治州南涧彝族自治县无量山镇保平村委会黄草坝村，海拔1919 m；树型小乔木型，树姿半开张，树高5.8 m，树幅3.8 m×4.2 m，最低分枝高0.4 m，基部干径0.3 m，分枝密度密；芽叶色泽黄绿色、芽叶茸毛特多，叶片着生状态水平，叶形椭圆形，叶色绿色，叶片亮度发亮，平均叶片长宽13.5 cm×5.3 cm，叶面积50.1 cm^2，大叶，叶身平，叶面隆起，叶缘微波，叶基楔形，叶质柔软，叶尖渐尖或钝尖，叶脉对数9~12对，叶齿锯齿形，叶齿密度稀，叶齿深度浅，叶齿锐度锐，叶柄长1.4 cm、有茸毛，叶背主脉茸毛多；花萼4~5枚、无茸毛，花萼色泽绿色，花冠长宽2.5 cm×2.7 cm，花瓣6枚、花瓣色泽白色，花瓣长宽1.4 cm×1.0 cm，花瓣质地薄，柱头开裂数3裂，雌雄蕊相对高度等高，子房3室、有茸毛，花柱长度1.1 cm，花柱裂位中；果实形状球形或三角形，果实大小2.0 cm×2.0 cm，果皮厚度0.1 cm；种子形状球形或不规则形，种径大小1.0 cm×1.1 cm，种皮色泽棕褐色，种子百粒重130.0 g；春茶一芽二叶晒青样水浸出物（WE）50.6 %、茶多酚（TP）22.8 %、氨基酸（AA）3.3 %、咖啡碱（C）3.8 %、儿茶素总量（TC）15.17 %、酚氨比值（TP/AA）6.91，适制普洱茶和绿茶。

51. 黄草坝2号古茶树

学名：*Camellia sinensis*（L.）O. Kuntze var. *assamica*（masters）Kitamura。位于云南省大理白族自治州南涧彝族自治县无量山镇保平村委会黄草坝村，海拔2033 m；树型小乔木型，树姿半开张，树高4.8 m，树幅5.3 m×5.9 m，最低分枝高0.5 m，基部干径0.3 m，分枝密度密；芽叶色泽黄绿色、芽叶茸毛特多，叶片着生状态水平，叶形椭圆形，叶色深绿色，叶片亮度发亮，平均叶片长宽11.5 cm×5.1 cm，叶面积41.1 cm^2，大叶，叶身平，叶面隆起，叶缘波，叶基楔形，叶质中，叶尖渐尖或钝尖，叶脉对数9~10对，叶齿锯齿形，叶齿密度中，叶齿深度深，叶齿锐度锐，叶柄长1.1 cm、有茸毛，叶背主脉茸毛数量中；花萼5枚、无茸毛，花萼色泽绿色，花冠长宽3.0 cm×2.8 cm，花瓣6~7枚、花瓣色泽白色，花瓣长宽1.6 cm×1.4 cm，花瓣质地薄，柱头开裂数3裂，雌雄蕊相对高度雌蕊高或等高，子房3室、有茸毛，花柱长度1.3 cm，花柱裂位低；果实形状球形或肾形，果实大小2.0 cm×2.0 cm，果皮厚度0.2 cm；种子形状球形、半球形或似肾形，种径大小1.0 cm×1.4 cm，种皮色泽棕褐色，种子百粒重233.0 g；春茶一芽二叶晒青样水浸出物（WE）48.2 %、茶多酚（TP）22.1 %、氨基酸（AA）4.6 %、咖啡碱（C）3.9 %、儿茶素总量（TC）15.17 %、酚氨比值（TP/AA）4.80，适制普洱茶和绿茶。

52. 黄草坝3号古茶树

学名：*Camellia sinensis*（L.）O. Kuntze var. *assamica*（masters）Kitamura。位于云南省大理白族自治州南涧彝族自治县无量山镇保平村委会黄草坝村，海拔2020 m；树型小乔木型，树姿半开张，树高4.7 m，树幅4.9 m×5.0 m，最低分枝高1.6 m，基部干径0.4 m，分枝密度密；芽叶色泽黄绿色、芽叶茸毛特多，叶片着生状态水平，叶形椭圆形，叶色绿色，叶片亮度不亮，平均叶片长宽11.7 cm×5.5 cm，叶面积45.0 cm^2，大叶，叶身平，叶面平，叶缘微波，叶基楔形，叶质中，叶尖渐尖，叶脉对数9~12对，叶齿锯齿形，叶齿密度中，叶齿深度浅，叶齿锐度锐，叶柄长1.6 cm、有茸毛，叶背主脉茸毛多；花萼5枚、无茸毛，花萼色泽绿色，花冠长宽2.9 cm×2.7 cm，花瓣6~7枚、花瓣色泽白色，花瓣长宽1.5 cm×1.3 cm，花瓣质地薄，柱头开裂数3裂，雌雄蕊相对高度雌蕊低，子房3室、有茸毛，花柱长度1.0 cm，花柱裂位低；果实形状球形或三角形，果实大小2.9 cm×2.8 cm，果皮厚度0.3 cm；种子形状球形或不规则形，种径大小1.3 cm×1.4 cm，种皮色泽棕褐色，种子百粒重192.0 g；春茶一芽二叶晒青样水浸出物（WE）49.9%、茶多酚（TP）25.0%、氨基酸（AA）4.7%、咖啡碱（C）3.2%、儿茶素总量（TC）17.42%、酚氨比值（TP/AA）5.32，适制普洱茶和绿茶。

53. 四家村1号古茶树

学名：*Camellia sinensis*（L.）O. Kuntze var. *assamica*（masters）Kitamura。位于云南省大理白族自治州南涧彝族自治县公郎镇龙平村委会杨梅林四家村，海拔1916 m；树型小乔木型，树姿半开张，树高4.3 m，树幅5.4 m×5.7 m，最低分枝高0.3 m，基部干径0.5 m，分枝密度密；芽叶色泽绿色、芽叶茸毛特多，叶片着生状态水平，叶形椭圆形，叶色绿色，叶片亮度发亮，平均叶片长宽14.1 cm×6.1 cm，叶面积60.2 cm^2，特大叶，叶身平，叶面隆起，叶缘微波，叶基楔形，叶质柔软，叶尖渐尖，叶脉对数9~12对，叶齿锯齿形，叶齿密度中，叶齿深度深，叶齿锐度锐，叶柄长1.8 cm、有茸毛，叶背主脉茸毛多；花萼5枚、无茸毛，花萼色泽绿色，花冠长宽2.7 cm×2.6 cm，花瓣5~6枚、花瓣色泽白色，花瓣长宽1.7 cm×1.1 cm，花瓣质地中，柱头开裂数3裂或4裂，雌雄蕊相对高度雌蕊高，子房3室或4室、有茸毛，花柱长度1.1 cm，花柱裂位低；果实形状球形、肾形或三角形，果实大小2.7 cm×2.6 cm，果皮厚度0.2 cm；种子形状球形、似肾形或不规则形，种径大小1.2 cm×1.2 cm，种皮色泽褐色，种子百粒重201.0 g；春茶一芽二叶晒青样水浸出物（WE）49.9 %、茶多酚（TP）25.0 %、氨基酸（AA）3.8 %、咖啡碱（C）4.8 %、儿茶素总量（TC）19.57 %、酚氨比值（TP/AA）6.58，适制普洱茶和绿茶。

54. 四家村2号古茶树

学名：*Camellia sinensis*（L.）O. Kuntze var. *assamica*（masters）Kitamura。位于云南省大理白族自治州南涧彝族自治县公郎镇龙平村委会杨梅林四家村，海拔1916 m；树型小乔木型，树姿半开张，树高4.7 m，树幅4.9 m×4.6 m，最低分枝高0.3 m，基部干径0.4 m，分枝密度中；芽叶色泽绿色、芽叶茸毛特多，叶片着生状态水平，叶形长椭圆形，叶色绿色，叶片亮度不亮，平均叶片长宽13.9 cm×5.2 cm，叶面积50.6 cm^2，大叶，叶身平，叶面微隆，叶缘平，叶基楔形，叶质柔软，叶尖渐尖，叶脉对数8~11对，叶齿锯齿形，叶齿密度稀，叶齿深度深，叶齿锐度锐，叶柄长1.7 cm、有茸毛，叶背主脉茸毛少；花萼5枚、无茸毛，花萼色泽绿色，花冠长宽2.3 cm×2.4 cm，花瓣6~7枚，花瓣色泽淡绿色，花瓣长宽1.4 cm×1.1 cm，花瓣质地中，柱头开裂数3裂，雌雄蕊相对高度雌蕊低或等高，子房3室、有茸毛，花柱长度1.2 cm，花柱裂位低；果实形状球形或三角形，果实大小2.5 cm×2.6 cm；果皮厚度0.1 cm，种子形状球形或不规则形，种径大小1.3 cm×1.3 cm，种皮色泽棕褐色，种子百粒重245.0 g；春茶一芽二叶晒青样水浸出物（WE）50.20 %、茶多酚（TP）22.30 %、氨基酸（AA）7.8 %、咖啡碱（C）4.2 %、儿茶素总量（TC）14.79 %、酚氨比值（TP/AA）2.86，适制普洱茶和绿茶。

55. 吕梁山 1 号古茶树

学名：*Camellia sinensis*（L.）O. Kuntze var. *assamica*（masters）Kitamura。位于云南省德宏傣族景颇族自治州瑞丽市户育乡（镇）户育村委会三排村民小组吕梁山，海拔1228 m；树型乔木型，树姿直立，树高13.6 m，树幅9.8 m×8.5 m，最低分枝高1.5 m，基部干径0.8 m，分枝密度稀；芽叶色泽黄绿色、芽叶茸毛多，叶片着生状态稍上斜，叶形长椭圆形，叶色绿色，叶片亮度不亮，平均叶片长宽16.2 cm×6.8 cm，叶面积77.1 cm^2，特大叶，叶身内折，叶面微隆，叶缘微波，叶基楔形，叶质中，叶尖渐尖，叶脉对数12对，叶齿锯齿形，叶齿密度中，叶齿深度浅，叶齿锐度中，叶柄长0.9 cm、无茸毛，叶背主脉无茸毛；花萼5枚、无茸毛，花萼色泽绿色，花冠长宽5.3 cm×3.2 cm，花瓣7枚，花瓣色泽白色，花瓣长宽1.3 cm×1.4 cm，花瓣质地中，柱头开裂数3裂，雌雄蕊相对高度雌蕊高，子房3室、有茸毛，花柱长度2.0 cm，花柱裂位低；果实形状球形、三角形或四方形，果实大小3.3 cm×2.5 cm，果皮厚度0.2 cm；种子形状球形、半球形或不规则形，种径大小1.3 cm×1.1 cm，种皮色泽棕色或褐色，种子百粒重121.0 g；春茶一芽二叶烘青样水浸出物（WE）54.0 %、茶多酚（TP）26.6 %、氨基酸（AA）3.9 %、咖啡碱（C）4.3 %、儿茶素总量（TC）11.94 %、酚氨比值（TP/AA）6.82，适制普洱茶和绿茶。

56. 旱广山古茶树

学名：*Camellia sinensis*（L.）O. Kuntze var. *assamica*（masters）Kitamura。位于云南省德宏傣族景颇族自治州瑞丽市户育乡（镇）户育村委会三排村民小组旱广山，海拔1216 m；树型乔木型，树姿半开张，树高10.0 m，树幅7.6 m×5.4 m，最低分枝高1.7 m，基部干径0.9 m，分枝密度中；芽叶色泽黄绿色、芽叶无茸毛，叶片着生状态稍上斜，叶形长椭圆形，叶色绿色，叶片亮度不亮，平均叶片长宽14.3 cm×5.5 cm，叶面积55.1 cm^2，大叶，叶身平，叶面微隆，叶缘微波，叶基楔形，叶质柔软，叶尖渐尖，叶脉对数10对，叶齿锯齿形，叶齿密度密，叶齿深度浅，叶齿锐度钝，叶柄长1.0 cm、无茸毛，叶背主脉无茸毛；花萼5枚、无茸毛，花萼色泽绿色，花冠长宽5.7 cm×2.6 cm，花瓣8枚，花瓣色泽白色，花瓣长宽1.3 cm×1.4 cm，花瓣质地中，柱头开裂数3裂或4裂，雌雄蕊相对高度等高，子房3室或4室、有茸毛，花柱长度2.0 cm，花柱裂位高；果实形状肾形或三角形，果实大小2.5 cm×3.2 cm，果皮厚度0.3 cm；种子形状球形、似肾形或不规则形，种径大小1.4 cm×1.6 cm，种皮色泽棕色或棕褐色，种子百粒重132.1 g；春茶一芽二叶烘青样水浸出物（WE）50.1％、茶多酚（TP）21.0％、氨基酸（AA）2.5％、咖啡碱（C）2.2％、儿茶素总量（TC）4.89％、酚氨比值（TP/AA）8.4，适制普洱茶、红茶和绿茶。

57. 俄奎大茶树

学名：*Camellia sinensis*（L.）O. Kuntze var. *assamica*（masters）Kitamura。位于云南省德宏傣族景颇族自治州瑞丽市勐秀乡南京里村委会俄奎村民小组，海拔1816 m；树型小乔木型，树姿半开张，树高7.7 m，树幅4.8 m×5.4 m，最低分枝高0.1 m，基部干径0.8 m，分枝密度中；芽叶色泽绿色、芽叶茸毛数量中，叶片着生状态稍上斜，叶形长椭圆形，叶色绿色，叶片亮度不亮，平均叶片长宽14.0 cm×5.3 cm，叶面积51.9 cm^2，大叶，叶身内折，叶面微隆，叶缘微波，叶基楔形，叶质中，叶尖渐尖，叶脉对数15对，叶齿锯齿形，叶齿密度中，叶齿深度浅，叶齿锐度中，叶柄长0.6 cm、无茸毛，叶背主脉有茸毛；花萼5枚、无茸毛，花萼色泽绿色，花冠长宽3.9 cm×2.2 cm，花瓣6枚，花瓣色泽白色，花瓣长宽1.4 cm×1.2 cm，花瓣质地中，柱头开裂数3裂，雌雄蕊相对高度等高，子房3室、有茸毛，花柱长度1.1 cm，花柱裂位高；果实形状肾形或三角形，果实大小2.6 cm×2.4 cm，果皮厚度0.2 cm；种子形状 球形、三角形或不规则形，种径大小1.3 cm×1.5 cm，种皮色泽棕色或棕褐色，种子百粒重136.2 g；春茶一芽二叶烘青样水浸出物（WE）50.2 %、茶多酚（TP）22.4 %、氨基酸（AA）3.0 %、咖啡碱（C）3.4 %、儿茶素总量（TC）15.17 %、酚氨比值（TP/AA）7.47，适制普洱茶和绿茶。

58. 斑遵山1号大茶树

学名：*Camellia sinensis*（L.）O. Kuntze var. *assamica*（masters）Kitamura。位于云南省德宏傣族景颇族自治州瑞丽市弄岛镇等嘎村委会斑遵山村民小组，海拔1220 m；树型乔木型，树姿半开张，树高6.6 m，树幅4.9 m×5.4 m，最低分枝高0.4 m，基部干径1.0 m，分枝密度中；芽叶色泽绿色、芽叶茸毛特多，叶片着生状态稍上斜，叶形长椭圆形，叶色绿色，叶片亮度发亮，平均叶片长宽17.3 cm×5.8 cm，叶面积70.2 cm^2，特大叶，叶身内折，叶面微隆，叶缘微波，叶基楔形，叶质中，叶尖渐尖，叶脉对数11对，叶齿锯齿形，叶齿密度中，叶齿深度浅，叶齿锐度中，叶柄长1.0 cm、有茸毛，叶背主脉有茸毛；花萼5枚、无茸毛，花萼色泽绿色，花冠长宽3.6 cm×2.8 cm，花瓣6~7枚，花瓣色泽白色，花瓣长宽1.3 cm×1.1 cm，花瓣质地厚，柱头开裂数3裂，雌雄蕊相对高度等高，子房3室、有茸毛，花柱长度0.9 cm，花柱裂位高；果实形状球形、肾形或三角形，果实大小3.1 cm×3.3 cm，果皮厚度0.3 cm；种子形状球形、半球形或不规则形，种径大小1.4 cm×1.3 cm，种皮色泽棕色或棕褐色，种子百粒重98.6 g；春茶一芽二叶烘青样水浸出物（WE）50.8 %、茶多酚（TP）25.7 %、氨基酸（AA）4.0 %、咖啡碱（C）4.5 %、儿茶素总量（TC）15.41 %、酚氨比值（TP/AA）6.43，适制普洱茶和绿茶。

59. 斑遵山2号大茶树

学名：*Camellia sinensis*（L.）O. Kuntze var. *assamica*（masters）Kitamura。位于云南省德宏傣族景颇族自治州瑞丽市弄岛镇等嘎村委会斑遵山村民小组，海拔1217 m；树型乔木型，树姿直立，树高9.4 m，树幅7.0 m×7.3 m，最低分枝高0.3 m，基部干径2.1 m，分枝密度中；芽叶色泽绿色、芽叶茸毛特多，叶片着生状态上斜，叶形长椭圆形，叶色深绿色，叶片亮度发亮，平均叶片长宽16.2 cm×7.3 cm，叶面积82.8 cm^2，特大叶，叶身背卷，叶面微隆，叶缘微波，叶基楔形，叶质中，叶尖渐尖，叶脉对数12对，叶齿锯齿形，叶齿密度稀，叶齿深度浅，叶齿锐度中，叶柄长0.8 cm、无茸毛，叶背主脉有茸毛；花萼5枚、无茸毛，花萼色泽绿色，花冠长宽4.1 cm×3.4 cm，花瓣6~7枚，花瓣色泽白色，花瓣长宽1.3 cm×1.1 cm，花瓣质地厚，柱头开裂数3裂，雌雄蕊相对高度等高，子房3室、有茸毛，花柱长度1.2 cm，花柱裂位高；果实形状球形、肾形或三角形，果实大小3.3 cm×2.8 cm，果皮厚度0.3 cm；种子形状球形、半球形或不规则形，种径大小1.3 cm×1.3 cm，种皮色泽棕色或棕褐色，种子百粒重99.4 g；春茶一芽二叶烘青样水浸出物（WE）50.7 %、茶多酚（TP）24.0 %、氨基酸（AA）3.7 %、咖啡碱（C）5.1 %、儿茶素总量（TC）11.34 %、酚氨比值（TP/AA）6.49，适制普洱茶和绿茶。

60. 红旗社 1 号大茶树

学名：*Camellia sinensis*（L.）O. Kuntze var. *assamica*（masters）Kitamura。位于云南省德宏傣族景颇族自治州陇川县景罕镇曼软村红旗社，海拔1380 m；树型乔木型，树姿半开张，树高5.5 m，树幅8.8 m×6.7 m，最低分枝高0.2 m，基部干径1.3 m，分枝密度密；芽叶色泽绿色、芽叶茸毛特多，叶片着生状态稍上斜，叶形长椭圆形，叶色绿色，叶片亮度发亮，平均叶片长宽14.7 cm×6.4 cm，叶面积65.9 cm^2，特大叶，叶身平，叶面微隆，叶缘微波，叶基楔形，叶质中，叶尖渐尖，叶脉对数10对，叶齿锯齿形，叶齿密度密，叶齿深度中，叶齿锐度中，叶柄长0.8 cm、有茸毛，叶背主脉有茸毛；花萼5枚、无茸毛，花萼色泽绿色，花冠长宽3.6 cm×2.8 cm，花瓣6枚，花瓣色泽白色，花瓣长宽1.4 cm×1.2 cm，花瓣质地中，柱头开裂数3裂或4裂，雌雄蕊相对高度雌蕊高，子房3室或4室、有茸毛，花柱长度1.4 cm，花柱裂位低；果实形状球形、肾形或三角形，果实大小2.6 cm×2.6 cm，果皮厚度0.1 cm；种子形状球形、半球形或不规则形，种径大小1.3 cm×1.3 cm，种皮色泽棕色或棕褐色，种子百粒重94.5 g；春茶一芽二叶烘青样水浸出物（WE）44.6 %、茶多酚（TP）22.4 %、氨基酸（AA）3.0 %、咖啡碱（C）3.1 %、儿茶素总量（TC）14.30 %、酚氨比值（TP/AA）7.47，适制普洱茶和绿茶。

61. 韩家寨1号大茶树

学名：*Camellia sinensis*（L.）O. Kuntze var. *assamica*（masters）Kitamura。位于云南省德宏傣族景颇族自治州陇川县景罕镇曼软村红旗社韩家寨，海拔1897 m；树型乔木型，树姿半开张，树高4.6 m，树幅5.3 m×7.1 m，最低分枝高0.3 m，基部干径2.2 m，分枝密度中；芽叶色泽绿色、芽叶茸毛特多，叶片着生状态稍上斜，叶形长椭圆形，叶色绿色，叶片亮度发亮，平均叶片长宽10.0 cm×4.1 cm，叶面积28.7 cm^2，中叶，叶身内折，叶面微隆，叶缘微波，叶基楔形，叶质中，叶尖渐尖，叶脉对数8对，叶齿锯齿形，叶齿密度中，叶齿深度中，叶齿锐度中，叶柄长0.5 cm、有茸毛，叶背主脉有茸毛；花萼5枚，无茸毛，花萼色泽绿色，花冠长宽3.8 cm×3.1 cm，花瓣6枚，花瓣色泽淡绿色，花瓣长宽1.6 cm×1.4 cm，花瓣质地中，柱头开裂数3裂，雌雄蕊相对高度等高，子房3室、有茸毛，花柱长度1.3 cm，花柱裂位中；果实形状球形、肾形或三角形，果实大小2.4 cm×2.5 cm，果皮厚度0.1 cm；种子形状球形、半球形或不规则形，种径大小1.4 cm×1.3 cm，种皮色泽棕色或棕褐色，种子百粒重99.4 g；春茶一芽二叶烘青样水浸出物（WE）45.1 %、茶多酚（TP）20.5 %、氨基酸（AA）3.2 %、咖啡碱（C）3.7 %、儿茶素总量（TC）16.64 %、酚氨比值（TP/AA）6.40，适制普洱茶和绿茶。

62. 韩家寨2号大茶树

学名：*Camellia sinensis*（L.）O. Kuntze var. *assamica*（masters）Kitamura。位于云南省德宏傣族景颇族自治州陇川县景罕镇曼软村红旗社韩家寨，海拔1906 m；树型灌木型，树姿开张，树高7.2 m，树幅6.1 m×6.7 m，最低分枝高0.3 m，基部干径1.3 m，分枝密度密；芽叶色泽黄绿色、芽叶茸毛特多，叶片着生状态上斜，叶形披针形，叶色绿色，叶片亮度不亮，平均叶片长宽12.6 cm×3.1 cm，叶面积27.3 cm^2，中叶，叶身内折，叶面微隆，叶缘微波，叶基楔形，叶质柔软，叶尖渐尖，叶脉对数9对，叶齿锯齿形，叶齿密度中，叶齿深度浅，叶齿锐度钝，叶柄长0.7 cm、有茸毛，叶背主脉有茸毛；花萼5枚、无茸毛，花萼色泽绿色，花冠长宽3.2 cm×2.4 cm，花瓣7枚，花瓣色泽淡绿色，花瓣长宽1.2 cm×1.5 cm，花瓣质地中，柱头开裂数3裂，雌雄蕊相对高度雌蕊高，子房3室、有茸毛，花柱长度1.3 cm，花柱裂位中；果实形状球形、肾形或三角形，果实大小2.3 cm×2.1 cm，果皮厚度0.1 cm；种子形状球形、半球形或不规则形，种径大小1.2 cm×1.2 cm，种皮色泽棕色或棕褐色，种子百粒重79.9 g；春茶一芽二叶烘青样水浸出物（WE）45.5%、茶多酚（TP）20.3%、氨基酸（AA）3.6%、咖啡碱（C）3.2%、儿茶素总量（TC）10.85%、酚氨比值（TP/AA）5.64，适制普洱茶和绿茶。

63. 韩家寨3号大茶树

学名：*Camellia sinensis*（L.）O. Kuntze var. *assamica*（masters）Kitamura。位于云南省德宏傣族景颇族自治州陇川县景罕镇曼软村红旗社韩家寨，海拔1908 m；树型小乔木型，树姿半开张，树高3.2 m，树幅4.2 m×3.5 m，最低分枝高0.6 m，基部干径0.6 m，分枝密度中；芽叶色泽黄绿色、芽叶茸毛特多，叶片着生状态上斜，叶形长椭圆形，叶色黄绿色，叶片亮度发亮，平均叶片长宽10.6 cm×5.2 cm，叶面积38.6 cm^2，中叶，叶身内折，叶面微隆，叶缘微波，叶基楔形，叶质中，叶尖渐尖，叶脉对数9对，叶齿锯齿形，叶齿密度中，叶齿深度中，叶齿锐度中，叶柄长0.6 cm、有茸毛，叶背主脉有茸毛；花萼5枚、无茸毛，花萼色泽绿色，花冠长宽3.9 cm×3.2 cm，花瓣6枚，花瓣色泽白色，花瓣长宽1.6 cm×1.3 cm，花瓣质地中，柱头开裂数3裂，雌雄蕊相对高度等高，子房3室、有茸毛，花柱长度1.3 cm，花柱裂位中；果实形状球形、肾形或三角形，果实大小2.4 cm×2.2 cm，果皮厚度0.1 cm；种子形状球形、半球形或不规则形，种径大小1.3 cm×1.4 cm，种皮色泽棕色或棕褐色，种子百粒重123.4 g；春茶一芽二叶烘青样水浸出物（WE）46.0 %、茶多酚（TP）21.1 %、氨基酸（AA）4.3 %、咖啡碱（C）3.4 %、儿茶素总量（TC）12.95 %、酚氨比值（TP/AA）4.91，适制普洱茶和绿茶。

64. 邦瓦1号大茶树

学名：*Camellia sinensis*（L.）O. Kuntze var. *assamica*（masters）Kitamura。位于云南省德宏傣族景颇族自治州陇川县勐约乡瓦莫村邦瓦，海拔1894 m；树型小乔木型，树姿直立，树高6.1 m，树幅3.9 m×3.8 m，最低分枝高1.1 m，基部干径1.1 m，分枝密度中；芽叶色泽黄绿色、芽叶茸毛特多，叶片着生状态稍上斜，叶形长椭圆形，叶色绿色，叶片亮度不亮，平均叶片长宽12.0 cm×5.7 cm，叶面积47.9 cm^2，大叶，叶身背卷，叶面微隆，叶缘微波，叶基楔形，叶质中，叶尖渐尖，叶脉对数9对，叶齿锯齿形，叶齿密度中，叶齿深度浅，叶齿锐度中，叶柄长0.8 cm、无茸毛，叶背主脉有茸毛；花萼5枚、无茸毛，花萼色泽绿色，花冠长宽3.7 cm×3.1 cm，花瓣6枚，花瓣色泽淡绿色，花瓣长宽1.5 cm×1.3 cm，花瓣质地中，柱头开裂数3裂，雌雄蕊相对高度等高，子房3室、有茸毛，花柱长度1.5 cm，花柱裂位高；果实形状球形、肾形或三角形，果实大小2.9 cm×3.1 cm，果皮厚度0.1 cm；种子形状球形、半球形或不规则形，种径大小1.3 cm×1.3 cm，种皮色泽棕色或棕褐色，种子百粒重94.9 g；春茶一芽二叶烘青样水浸出物（WE）47.5 %、茶多酚（TP）21.8 %、氨基酸（AA）4.2 %、咖啡碱（C）4.7 %、儿茶素总量（TC）17.10 %、酚氨比值（TP/AA）5.19，适制普洱茶和绿茶。

65. 邦瓦2号大茶树

学名：*Camellia sinensis*（L.）O. Kuntze var. *assamica*（masters）Kitamura。位于云南省德宏傣族景颇族自治州陇川县勐约乡瓦莫村邦瓦，海拔1930 m；树型小乔木型，树姿直立，树高4.7 m，树幅5.0 m×3.6 m，最低分枝高0.3 m，基部干径0.7 m，分枝密度中；芽叶色泽黄绿色、芽叶茸毛特多，叶片着生状态稍上斜，叶形长椭圆形，叶色绿色，叶片亮度不亮，平均叶片长宽11.8 cm×5.0 cm，叶面积41.3 cm^2，大叶，叶身背卷，叶面微隆，叶缘微波，叶基楔形，叶质中，叶尖渐尖，叶脉对数9对，叶齿锯齿形，叶齿密度中，叶齿深度浅，叶齿锐度钝，叶柄长0.8 cm、有茸毛，叶背主脉有茸毛；花萼5枚、无茸毛，花萼色泽绿色，花冠长宽3.3 cm×2.9 cm，花瓣6枚，花瓣色泽淡绿色，花瓣长宽1.6 cm×1.3 cm，花瓣质地中，柱头开裂数3裂，雌雄蕊相对高度雌蕊低，子房3室、无茸毛，花柱长度1.1 cm，花柱裂位中；果实形状球形、肾形或三角形，果实大小3.2 cm×2.9 cm，果皮厚度0.1 cm；种子形状球形、半球形、似肾形或不规则形，种径大小1.3 cm×1.4 cm，种皮色泽棕色或棕褐色，种子百粒重96.8 g；春茶一芽二叶烘青样水浸出物（WE）50.3 %、茶多酚（TP）23.7 %、氨基酸（AA）5.2 %、咖啡碱（C）4.0 %、儿茶素总量（TC）15.61 %、酚氨比值（TP/AA）4.56，适制普洱茶和绿茶。

66. 尹线大茶树

学名：*Camellia sinensis*（L.）O. Kuntze var. *assamica*（masters）Kitamura。位于云南省德宏傣族景颇族自治州陇川县城子乡巴达村委会斑瓦茶厂尹线片，海拔1805 m；树型小乔木型，树姿直立，树高5.6 m，树幅2.7 m×2.3 m，最低分枝高0.2 m，基部干径0.8 m，分枝密度密；芽叶色泽黄绿色、芽叶茸毛特多，叶片着生状态稍上斜，叶形长椭圆形，叶色黄绿色，叶片亮度发亮，平均叶片长宽13.6 cm×5.6 cm，叶面积53.3 cm^2，大叶，叶身内折，叶面隆起，叶缘微波，叶基楔形，叶质中，叶尖渐尖，叶脉对数11对，叶齿锯齿形，叶齿密度中，叶齿深度浅，叶齿锐度中，叶柄长0.5 cm、有茸毛，叶背主脉有茸毛；花萼5枚、无茸毛，花萼色泽绿色，花冠长宽3.9 cm×3.0 cm，花瓣6枚，花瓣色泽淡绿色，花瓣长宽1.5 cm×1.3 cm，花瓣质地薄，柱头开裂数3裂，雌雄蕊相对高度等高，子房3室、有茸毛，花柱长度1.2 cm，花柱裂位中；果实形状球形、肾形或三角形，果实大小3.1 cm×2.9 cm，果皮厚度0.1 cm；种子形状球形、半球形或不规则形，种径大小1.3 cm×1.4 cm，种皮色泽棕色或棕褐色，种子百粒重98.4 g；春茶一芽二叶烘青样水浸出物（WE）51.7 %、茶多酚（TP）24.0 %、氨基酸（AA）3.9 %、咖啡碱（C）4.1 %、儿茶素总量（TC）6.15 %、酚氨比值（TP/AA）6.15，适制普洱茶和绿茶。

67. 樱花谷 1 号大茶树

学名：*Camellia sinensis*（L.）O. Kuntze var. *assamica*（masters）Kitamura。位于云南省德宏傣族景颇族自治州陇川县勐约乡瓦慕村委会双降村民小组樱花谷，海拔1912 m；树型小乔木型，树姿半开张，树高6.2 m，树幅6.8 m×6.5 m，最低分枝高0.6 m，基部干径0.5 m，分枝密度稀；芽叶色泽黄绿色、芽叶茸毛特多，叶片着生状态稍上斜，叶形长椭圆形，叶色深绿色，叶片亮度发亮，平均叶片长宽14.1 cm×5.7 cm，叶面积56.3 cm^2，大叶，叶身背卷，叶面微隆，叶缘微波，叶基楔形，叶质中，叶尖渐尖，叶脉对数12对，叶齿锯齿形，叶齿密度中，叶齿深度深，叶齿锐度中，叶柄长0.7 cm、有茸毛，叶背主脉有茸毛；花萼5枚、无茸毛，花萼色泽绿色，花冠长宽4.4 cm×3.9 cm，花瓣7枚，花瓣色泽白色，花瓣长宽1.3 cm×1.5 cm，花瓣质地中，柱头开裂数3裂，雌雄蕊相对高度等高，子房3室、有茸毛，花柱长度1.4 cm，花柱裂位中；果实形状球形、肾形或四方形，果实大小3.1 cm×2.9 cm，果皮厚度0.1 cm；种子形状球形、半球形、似肾形或不规则形，种径大小1.3 cm×1.4 cm，种皮色泽棕色或棕褐色，种子百粒重121.3 g；春茶一芽二叶烘青样水浸出物47.1 %、茶多酚22.4 %，氨基酸3.5 %，咖啡碱3.3 %，儿茶素总量16.26 %，酚氨比值（TP/AA）6.4，适制普洱茶和绿茶。

68. 鱼塘寨大茶树

学名：*Camellia sinensis*（L.）O. Kuntze var. *assamica*（masters）Kitamu。位于云南省德宏傣族景颇族自治州陇川县清平乡新山村委会鱼塘寨村民小组，海拔1909 m；树型小乔木型，树姿半开张，树高4.1 m，树幅5.0 m×4.5 m，最低分枝高0.1 m，基部干径0.7 m，分枝密度中；芽叶色泽黄绿色、芽叶茸毛多，叶片着生状态稍上斜，叶形长椭圆形，叶色黄绿色，叶片亮度不亮，平均叶片长宽9.4 cm×3.7 cm，叶面积24.3 cm^2，中叶，叶身内折，叶面微隆，叶缘微波，叶基楔形，叶质柔软，叶尖渐尖，叶脉对数7对，叶齿锯齿形，叶齿密度中，叶齿深度浅，叶齿锐度中，叶柄长0.4 cm、有茸毛，叶背主脉有茸毛；花萼5枚、无茸毛，花萼色泽绿色，花冠长宽4.9 cm×4.3 cm，花瓣7枚，花瓣色泽白色，花瓣长宽1.7 cm×1.3 cm，花瓣质地中，柱头开裂数3裂，雌雄蕊相对高度等高，子房3室、有茸毛，花柱长度1.5 cm，花柱裂位低；果实形状球形、肾形或三角形，果实大小3.3 cm×2.9 cm，果皮厚度0.1 cm；种子形状球形、半球形或不规则形，种径大小1.3 cm×1.5 cm，种皮色泽棕色或棕褐色，种子百粒重123.2 g；春茶一芽二叶烘青样水浸出物（WE）49.8%、茶多酚（TP）24.3%、氨基酸（AA）2.6%、咖啡碱（C）3.4%、儿茶素总量（TC）17.19%、酚氨比值（TP/AA）9.35，适制普洱茶、红茶和绿茶。

69. 邦中新寨茶王树

学名：*Camellia sinensis*（L.）O. Kuntze var. *assamica*（masters）Kitamura。位于云南省德宏傣族景颇族自治州陇川县王子树乡邦东村委会邦中新寨村民小组，海拔1807 m；树型乔木型，树姿半开张，树高6.7 m，树幅9.0 m×6.8 m，最低分枝高0.4 m，基部干径1.5 m，分枝密度中；芽叶色泽黄绿色、芽叶茸毛多，叶片着生状态稍上斜，叶形长椭圆形，叶色绿色，叶片亮度不亮，平均叶片长宽10.5 cm×4.5 cm，叶面积33.1 cm^2，中叶，叶身内折，叶面微隆，叶缘微波，叶基楔形，叶质中，叶尖渐尖，叶脉对数9对，叶齿锯齿形，叶齿密度中，叶齿深度中，叶齿锐度中，叶柄长0.5 cm、无茸毛，叶背主脉有茸毛；花萼5枚、无茸毛，花萼色泽绿色，花冠长宽3.8 cm×3.5 cm，花瓣5枚，花瓣色泽白色，花瓣长宽1.5 cm×1.2 cm，花瓣质地中，柱头开裂数3裂，雌雄蕊相对高度等高，子房3室、有茸毛，花柱长度1.0 cm，花柱裂位高；果实形状球形、肾形或三角形，果实大小3.1 cm×3.3 cm，果皮厚度0.1 cm；种子形状球形、半球形或不规则形，种径大小1.3 cm×1.3 cm，种皮色泽棕色或褐色，种子百粒重128.7 g；春茶一芽二叶烘青样水浸出物（WE）47.0 %、茶多酚（TP）22.4 %、氨基酸（AA）4.0 %、咖啡碱（C）4.3 %、儿茶素总量（TC）17.43 %、酚氨比值（TP/AA）5.6，适制普洱茶和绿茶。

70. 邦中新寨茶王妃

学名：*Camellia sinensis*（L.）O. Kuntze var. *assamica*（masters）Kitamura。位于云南省德宏傣族景颇族自治州陇川县王子树乡邦东村委会邦中新寨村民小组，海拔1818 m；树型乔木型，树姿半开张，树高7.4 m，树幅7.2 m×6.7 m，最低分枝高0.2 m，基部干径1.4 m，分枝密度中；芽叶色泽绿色、芽叶茸毛多，叶片着生状态稍上斜，叶形长椭圆形，叶色绿色，叶片亮度不亮，平均叶片长宽11.9 cm×4.6 cm，叶面积38.3 cm^2，中叶，叶身内折，叶面微隆，叶缘微波，叶基楔形，叶质中，叶尖渐尖，叶脉对数11对，叶齿锯齿形，叶齿密度中，叶齿深度浅，叶齿锐度中，叶柄长0.6 cm、有茸毛，叶背主脉有茸毛；花萼5枚、无茸毛，花萼色泽绿色，花冠长宽3.5 cm×2.8 cm，花瓣6枚，花瓣色泽白色，花瓣长宽1.3 cm×1.1 cm，花瓣质地中，柱头开裂数3裂，雌雄蕊相对高度等高，子房3室、有茸毛，花柱长度1.1 cm，花柱裂位高；果实形状肾形或三角形，果实大小3.4 cm×3.7 cm，果皮厚度0.1 cm；种子形状球形、半球形或似肾形，种径大小1.4 cm×1.4 cm，种皮色泽棕色或棕褐色，种子百粒重138.4 g；春茶一芽二叶烘青样水浸出物（WE）49.0 %、茶多酚（TP）26.9 %、氨基酸（AA）3.0 %、咖啡碱（C）3.4 %、儿茶素总量（TC）19.93 %、酚氨比值（TP/AA）8.97，适制普洱茶、红茶和绿茶。

71. 邦中3号大茶树

学名：*Camellia sinensis*（L.）O. Kuntze var. *assamica*（masters）Kitamura。位于云南省德宏傣族景颇族自治州陇川县王子树乡邦东村委会下寨村民小组邦中，海拔1680 m；树型乔木型，树姿半开张，树高5.2 m，树幅5.1 m×4.4 m，最低分枝高0.5 m，基部干径1.3 m，分枝密度中；芽叶色泽黄绿色、芽叶茸毛多，叶片着生状态稍上斜，叶形长椭圆形，叶色深绿色，叶片亮度不亮，平均叶片长宽12.1 cm×5.0 cm，叶面积42.4 cm^2，大叶，叶身内折，叶面微隆，叶缘微波，叶基楔形，叶质中，叶尖渐尖，叶脉对数10对，叶齿锯齿形，叶齿密度中，叶齿深度浅，叶齿锐度钝，叶柄长0.7 cm、有茸毛，叶背主脉有茸毛；花萼5枚、无茸毛，花萼色泽绿色，花冠长宽3.7 cm×3.4 cm，花瓣6枚，花瓣色泽淡绿色，花瓣质地厚，柱头开裂数3裂，雌雄蕊相对高度等高，子房3室、有茸毛，花柱长度1.1 cm，花柱裂位中；果实形状球形、肾形或三角形，果实大小2.6 cm×2.9 cm，果皮厚度0.1 cm；种子形状球形、半球形或不规则形，种径大小1.4 cm×1.4 cm，种皮色泽棕色或褐色，种子百粒重142.7 g；春茶一芽二叶烘青样水浸出物（WE）49.4%、茶多酚（TP）26.5%、氨基酸（AA）2.9%、咖啡碱（C）3.6%、儿茶素总量（TC）19.16%、酚氨比值（TP/AA）9.14，适制普洱茶、红茶和绿茶。

72. 黄家寨大茶树

学名：*Camellia sinensis*（L.）O. Kuntze var. *assamica*（masters）Kitamura。位于云南省德宏傣族景颇族自治州陇川县王子树乡曼亚河村委会黄家寨，海拔1616 m；树型灌木型，树姿半开张，树高11.5 m，树幅4.3 m×4.5 m，最低分枝高0.1 m，基部干径1.8 m，分枝密度中；芽叶色泽黄绿色、芽叶茸毛多，叶片着生状态稍上斜，叶形长椭圆形，叶色绿色，叶片亮度不亮，平均叶片长宽11.6 cm×4.3 cm，叶面积34.9 cm^2，中叶，叶身内折，叶面微隆，叶缘微波，叶基楔形，叶质中，叶尖渐尖，叶脉对数10对，叶齿锯齿形，叶齿密度中，叶齿深度浅，叶齿锐度中，叶柄长0.8 cm、有茸毛，叶背主脉有茸毛；花萼5枚、无茸毛，花萼色泽绿色，花冠长宽3.6 cm×2.9 cm，花瓣6~7枚，花瓣色泽淡绿色，花瓣长宽1.8 cm×1.5 cm，花瓣质地中，柱头开裂数3裂，雌雄蕊相对高度等高，子房3室、有茸毛，花柱长度1.3 cm，花柱裂位高；果实形状肾形、三角形或四方形，果实大小2.7 cm×3.2 cm，果皮厚度0.1 cm；种子形状球形、半球形或不规则形，种径大小1.3 cm×1.4 cm，种皮色泽棕色或棕褐色，种子百粒重121.2 g；春茶一芽二叶烘青样水浸出物（WE）48.3 %、茶多酚（TP）23.2 %、氨基酸（AA）3.3 %、咖啡碱（C）3.9 %、儿茶素总量（TC）17.71 %、酚氨比值（TP/AA）7.03，适制普洱茶和绿茶。

73. 新寨黄叶茶

学名：*Camellia sinensis*（L.）O. Kuntze var. *assamica*（masters）Kitamura。位于云南省德宏傣族景颇族自治州陇川县王子树乡曼亚河村委会新寨，海拔1582 m；树型小乔木型，树姿半开张，树高4.2 m，树幅3.7 m×4.0 m，最低分枝高0.3 m，基部干径0.7 m，分枝密度中；芽叶色泽黄绿色、芽叶茸毛多，叶片着生状态稍上斜，叶形长椭圆形，叶色黄绿色，叶片亮度发亮，平均叶片长宽17.4 cm×6.0 cm，叶面积73.1 cm^2，特大叶，叶身平，叶面微隆，叶缘微波，叶基楔形，叶质柔软，叶尖渐尖，叶脉对数12对，叶齿锯齿形，叶齿密度中，叶齿深度中，叶齿锐度中，叶柄长0.8 cm、有茸毛，叶背主脉有茸毛；花萼5枚，无茸毛，花萼色泽绿色，花冠长宽4.1 cm×3.6 cm，花瓣6枚，花瓣色泽白色，花瓣长宽1.4 cm×1.1 cm，花瓣质地厚，柱头开裂数3裂，雌雄蕊相对高度等高，子房3室、有茸毛，花柱长度1.3 cm，花柱裂位低；果实形状肾形或三角形，果实大小3.0 cm×2.8 cm，果皮厚度0.1 cm；种子形状球形、半球形或不规则形，种径大小1.1 cm×1.2 cm，种皮色泽棕色或棕褐色，种子百粒重125.6 g；春茶一芽二叶烘青样水浸出物（WE）47.5 %、茶多酚（TP）24.1 %、氨基酸（AA）2.0 %、咖啡碱（C）2.0 %、儿茶素总量（TC）14.18 %、酚氨比值（TP/AA）12.05，适制普洱茶、红茶和绿茶。

74. 椎里林大茶树

学名：*Camellia sinensis*（L.）O. Kuntze var. *assamica*（masters）Kitamura。位于云南省德宏傣族景颇族自治州陇川县王子树乡曼亚河村委会椎里林村民小组，海拔1444 m；树型乔木型，树姿半开张，树高5.9 m，树幅7.0 m×6.4 m，最低分枝高0.9 m，基部干径0.7 m，分枝密度中；芽叶色泽黄绿色、芽叶茸毛多，叶片着生状态上斜，叶形长椭圆形，叶色绿色，叶片亮度不亮，平均叶片长宽14.0 cm×5.4 cm，叶面积52.9 cm^2，大叶，叶身内折，叶面微隆，叶缘微波，叶基楔形，叶质中，叶尖渐尖，叶脉对数9对，叶齿锯齿形，叶齿密度中，叶齿深度中，叶齿锐度钝，叶柄长0.8 cm、有茸毛，叶背主脉有茸毛；花萼5枚、无茸毛，花萼色泽绿色，花冠长宽4.0 cm×3.7 cm，花瓣6枚，花瓣色泽白色，花瓣长宽1.5 cm×1.2 cm，花瓣质地中，柱头开裂数3裂，雌雄蕊相对高度等高，子房3室、有茸毛，花柱长度1.2 cm，花柱裂位中；果实形状球形、肾形或三角形，果实大小3.3 cm×3.4 cm，果皮厚度0.1 cm；种子形状球形、似肾形或不规则形，种径大小1.4 cm×1.3 cm，种皮色泽棕色或棕褐色，种子百粒重124.4 g；春茶一芽二叶烘青样水浸出物（WE）42.0%、茶多酚（TP）24.3%、氨基酸（AA）2.7%、咖啡碱（C）3.3%、儿茶素总量（TC）5.16%、酚氨比值（TP/AA）9.0，适制普洱茶、红茶和绿茶。

75. 大坪子大茶树

学名：*Camellia sinensis*（L.）O. Kuntze var. *assamica*（masters）Kitamura。位于云南省德宏傣族景颇族自治州陇川县王子树乡邦角村委会大坪子村民小组，海拔1731 m；树型乔木型，树姿半开张，树高4.2 m，树幅5.7 m×5.2 m，最低分枝高1.0 m，基部干径0.8 m，分枝密度中；芽叶色泽黄绿色、芽叶茸毛多，叶片着生状态稍上斜，叶形长椭圆形，叶色绿色，叶片亮度不亮，平均叶片长宽12.2 cm×4.9 cm，叶面积41.8 cm^2，大叶，叶身背卷，叶面微隆，叶缘微波，叶基楔形，叶质中，叶尖渐尖，叶脉对数10对，叶齿锯齿形，叶齿密度中，叶齿深度中，叶齿锐度中，叶柄长0.7 cm、有茸毛，叶背主脉有茸毛；花萼5枚、无茸毛，花萼色泽绿色，花冠长宽3.8 cm×3.1 cm，花瓣6枚，花瓣色泽色白色，花瓣长宽1.6 cm×1.3 cm，花瓣质地中，柱头开裂数3裂，雌雄蕊相对高度等高，子房3室、有茸毛，花柱长度1.2 cm，花柱裂位中；果实形状球形、肾形或三角形，果实大小3.4 cm×3.3 cm，果皮厚度0.1 cm；种子形状球形、似肾形或不规则形，种径大小1.4 cm×1.3 cm，种皮色泽棕色或棕褐色，种子百粒重120.9 g；春茶一芽二叶烘青样水浸出物（WE）47.4%、茶多酚（TP）20.4%、氨基酸（AA）3.8%、咖啡碱（C）3.3%、儿茶素总量（TC）14.74%、酚氨比值（TP/AA）5.37，适制普洱茶和绿茶。

76. 小牛上寨 1 号大茶树

学名：*Camellia sinensis*（L.）O. Kuntze var. *assamica*（masters）Kitamura。位于云南省德宏傣族景颇族自治州陇川县王子树乡小牛上寨村民小组，海拔1882 m；树型乔木型，树姿半开张，树高5.8 m，树幅6.4 m×5.9 m，最低分枝高0.3 m，基部干径0.8 m，分枝密度中；芽叶色泽黄绿色、芽叶茸毛特多，叶片着生状态上斜，叶形长椭圆形，叶色绿色，叶片亮度发亮，平均叶片长宽12.3 cm×4.4 cm，叶面积37.9 cm^2，中叶，叶身内折，叶面微隆，叶缘微波，叶基楔形，叶质中，叶尖渐尖，叶脉对数8对，叶齿锯齿形，叶齿密度中，叶齿深度浅，叶齿锐度钝，叶柄长1.0 cm、有茸毛，叶背主脉有茸毛；花萼5枚、无茸毛，花萼色泽绿色，花冠长宽4.3 cm×3.9 cm，花瓣6枚，花瓣色泽白色，花瓣长宽1.5 cm×1.2 cm，花瓣质地薄，柱头开裂数3裂，雌雄蕊相对高度雌蕊低，子房3室、有茸毛，花柱长度0.9 cm，花柱裂位低；果实形状球形、肾形或三角形，果实大小2.3 cm×2.4 cm，果皮厚度0.1 cm；种子形状球形、半球形或不规则形，种径大小1.2 cm×1.3 cm，种皮色泽棕色或棕褐色，种子百粒重112.9 g；春茶一芽二叶烘青样水浸出物（WE）45.7%、茶多酚（TP）17.6%、氨基酸（AA）3.1%、咖啡碱（C）2.3%、儿茶素总量（TC）9.33%、酚氨比值（TP/AA）5.68，适制普洱茶和绿茶。

77. 小牛上寨2号大茶树

学名：*Camellia sinensis*（L.）O. Kuntze var. *assamica*（masters）Kitamura。位于云南省德宏傣族景颇族自治州陇川县王子树乡小牛上寨村民小组，海拔1902 m；树型灌木型，树姿半开张，树高5.3 m，树幅6.6 m×4.4 m，最低分枝高0.2 m，基部干径1.6 m，分枝密度中；芽叶色泽黄绿色、芽叶茸毛多，叶片着生状态稍上斜，叶形长椭圆形，叶色深绿色，叶片亮度发亮，平均叶片长宽17.5 cm×5.8 cm，叶面积71.1 cm^2，特大叶，叶身平，叶面平，叶缘微波，叶基楔形，叶质柔软，叶尖渐尖，叶脉对数10对，叶齿锯齿形，叶齿密度中，叶齿深度浅，叶齿锐度钝，叶柄长0.9 cm、有茸毛，叶背主脉有茸毛；花萼5枚、无茸毛，花萼色泽绿色，花冠长宽4.1 cm×3.8 cm，花瓣7枚，花瓣色泽淡绿色，花瓣长宽1.6 cm×1.3 cm，花瓣质地中，柱头开裂数3裂，雌雄蕊相对高度雌蕊高，子房3室、有茸毛，花柱长度1.3 cm，花柱裂位中；果实形状球形、肾形或三角形，果实大小2.8 cm×3.2 cm，果皮厚度0.1 cm；种子形状球形、似肾形或不规则形，种径大小3.1 cm×2.8 cm，种皮色泽棕色或棕褐色，种子百粒重108.4 g；春茶一芽二叶烘青样水浸出物（WE）52.5%、茶多酚（TP）21.2%、氨基酸（AA）4.8%、咖啡碱（C）4.3%、儿茶素总量（TC）18.22%、酚氨比值（TP/AA）4.42，适制普洱茶和绿茶。

78. 挖断龙大茶树

学名：*Camellia sinensis*（L.）O. Kuntze var. *assamica*（masters）Kitamura。位于云南省德宏傣族景颇族自治州陇川县护国乡邦掌村委会邦掌村民小组，海拔1576 m；树型乔木型，树姿半开张，树高7.2 m，树幅6.8 m×5.1 m，最低分枝高0.3 m，基部干径1.3 m，分枝密度中；芽叶色泽黄绿色、芽叶茸毛多，叶片着生状态水平，叶形长椭圆形，叶色深绿色，叶片亮度发亮，平均叶片长宽15.1 cm×6.4 cm，叶面积67.6 cm^2，特大叶，叶身内折，叶面微隆，叶缘微波，叶基楔形，叶质中，叶尖渐尖，叶脉对数11对，叶齿锯齿形，叶齿密度中，叶齿深度浅，叶齿锐度钝，叶柄长0.8 cm、有茸毛，叶背主脉有茸毛；花萼5枚、无茸毛，花萼色泽绿色，花冠长宽4.1 cm×3.6 cm，花瓣6枚，花瓣色泽白色，花瓣长宽1.4 cm×1.7 cm，花瓣质地厚，柱头开裂数3裂，雌雄蕊相对高度等高，子房3室、有茸毛，花柱长度1.4 cm，花柱裂位低；果实形状球形、肾形、三角形或四方形，果实大小3.2 cm×3.3 cm，果皮厚度0.1 cm；种子形状球形或不规则形，种径大小1.5 cm×1.4 cm，种皮色泽棕色或棕褐色，种子百粒重106.2 g；春茶一芽二叶烘青样水浸出物（WE）49.1%、茶多酚（TP）25.0%、氨基酸（AA）2.7%、咖啡碱（C）2.7%、儿茶素总量（TC）16.11%、酚氨比值（TP/AA）9.26，适制普洱茶、红茶和绿茶。

79. 挖断龙黄叶茶

学名：*Camellia sinensis*（L.）O. Kuntze var. *assamica*（masters）Kitamura。位于云南省德宏傣族景颇族自治州陇川县护国乡邦掌村委会挖断龙村民小组，海拔1544 m；树型灌木型，树姿半开张，树高5.7 m，树幅8.5 m×6.3 m，最低分枝高0.5 m，基部干径2.7 m，分枝密度中；芽叶色泽黄绿色、芽叶茸毛多，叶片着生状态稍上斜，叶形长椭圆形，叶色黄绿色，叶片亮度发亮，平均叶片长宽12.7 cm×5.1 cm，叶面积45.3 cm^2，大叶，叶身内折，叶面微隆，叶缘微波，叶基楔形，叶质柔软，叶尖渐尖，叶脉对数9对，叶齿锯齿形，叶齿密度中，叶齿深度浅，叶齿锐度中，叶柄长0.8 cm、有茸毛，叶背主脉有茸毛；花萼5枚、无茸毛，花萼色泽绿色，花冠长宽4.7 cm×4.2 cm，花瓣6枚，花瓣色泽白色，花瓣长宽1.7 cm×1.4 cm，花瓣质地厚，柱头开裂数3裂，雌雄蕊相对高度等高，子房3室、有茸毛，花柱长度1.5 cm，花柱裂位中；果实形状球形、肾形或三角形，果实大小2.9 cm×2.8 cm，果皮厚度0.1 cm；种子形状球形、半球形或不规则形，种径大小1.4 cm×1.3 cm，种皮色泽棕色或棕褐色，种子百粒重114.6 g；春茶一芽二叶烘青样水浸出物（WE）46.9 %、茶多酚（TP）19.9 %、氨基酸（AA）2.3 %、咖啡碱（C）1.8 %、儿茶素总量（TC）11.28 %、酚氨比值（TP/AA）8.65，适制普洱茶、红茶和绿茶。

80. 王家小田大茶树

学名：*Camellia sinensis*（L.）O. Kuntze var. *assamica*（masters）Kitamura。位于云南省德宏傣族景颇族自治州陇川县护国乡邦掌村委会邦掌上寨村民小组王家小田，海拔1685 m；树型灌木型，树姿半开张，树高4.6 m，树幅4.4 m×5.0 m，最低分枝高0.6 m，基部干径0.7 m，分枝密度密；芽叶色泽黄绿色、芽叶茸毛多，叶片着生状态稍上斜，叶形长椭圆形，叶色深绿色，叶片亮度发亮，平均叶片长宽14.6 cm×5.9 cm，叶面积60.3 cm^2，特大叶，叶身内折，叶面微隆，叶缘波，叶基楔形，叶质中，叶尖渐尖，叶脉对数11对，叶齿锯齿形，叶齿密度密，叶齿深度深，叶齿锐度中，叶柄长0.8 cm、有茸毛，叶背主脉有茸毛；花萼5枚、无茸毛，花萼色泽绿色，花冠长宽3.7 cm×3.2 cm，花瓣6枚，花瓣色泽白色，花瓣长宽1.2 cm×1.4 cm，花瓣质地中，柱头开裂数3裂，雌雄蕊相对高度雌蕊高，子房3室、有茸毛，花柱长度1.1 cm，花柱裂位中；果实形状球形、肾形、三角形或四方形，果实大小2.7 cm×2.5 cm，果皮厚度0.1 cm；种子形状球形、半球形或不规则形，种径大小1.2 cm×1.2 cm，种皮色泽棕色或棕褐色，种子百粒重112.8 g；春茶一芽二叶烘青样水浸出物（WE）46.9 %、茶多酚（TP）25.4 %、氨基酸（AA）3.0 %、咖啡碱（C）3.6 %、儿茶素总量（TC）16.44 %、酚氨比值（TP/AA）8.47，适制普洱茶、红茶和绿茶。

81. 邦掌上寨大茶树

学名：*Camellia sinensis*（L.）O. Kuntze var. *assamica*（masters）Kitamura。位于云南省德宏傣族景颇族自治州陇川县护国乡邦掌村委会邦掌上寨村民小组，海拔1745 m；树型乔木型，树姿直立，树高6.6 m，树幅3.2 m×4.0 m，最低分枝高1.1 m，基部干径0.7 m，分枝密度稀；芽叶色泽黄绿色、芽叶茸毛多，叶片着生状态稍上斜，叶形长椭圆形，叶色绿色，叶片亮度发亮，平均叶片长宽15.8 cm×5.9 cm，叶面积65.3 cm^2，特大叶，叶身内折，叶面微隆，叶缘微波，叶基楔形，叶质硬，叶尖渐尖，叶脉对数10对，叶齿锯齿形，叶齿密度中，叶齿深度浅，叶齿锐度钝，叶柄长0.7 cm、有茸毛，叶背主脉有茸毛；花萼5枚、无茸毛，花萼色泽绿色，花冠长宽4.0 cm×3.5 cm，花瓣6枚，花瓣色泽白色，花瓣长宽1.5 cm×1.2 cm，花瓣质地薄，柱头开裂数3裂，雌雄蕊相对高度等高，子房3室、有茸毛，花柱长度1.2 cm，花柱裂位中；果实形状球形、肾形或四方形，果实大小2.7 cm×2.7 cm，果皮厚度0.1 cm；种子形状球形、半球形或不规则形，种径大小1.3 cm×1.3 cm，种皮色泽棕色或棕褐色，种子百粒重109.8 g；春茶一芽二叶烘青样水浸出物（WE）44.6%、茶多酚（TP）21.3%、氨基酸（AA）3.0%、咖啡碱（C）2.9%、儿茶素总量（TC）13.20%、酚氨比值（TP/AA）7.1，适制普洱茶和绿茶。

82. 马鹿塘1号大茶树

学名：*Camellia sinensis*（L.）O. Kuntze var. *assamica*（masters）Kitamura。位于云南省德宏傣族景颇族自治州盈江县新城乡红山村委会马鹿塘村民小组，海拔1669 m；树型乔木型，树姿半开张，树高7.8 m，树幅5.4 m×6.3 m，最低分枝高1.4 m，基部干径7.0 m，分枝密度中；芽叶色泽黄绿色、芽叶无茸毛，叶片着生状态稍上斜，叶形长椭圆形，叶色绿色，叶片亮度不亮，平均叶片长宽12.7 cm×4.1 cm，叶面积36.4 cm^2，中叶，叶身平，叶面平，叶缘微波，叶基楔形，叶质中，叶尖渐尖，叶脉对数8对，叶齿锯齿形，叶齿密度中，叶齿深度浅，叶齿锐度中，叶柄长0.7 cm、有茸毛，叶背主脉有茸毛；花萼5枚、无茸毛，花萼色泽绿色，花冠长宽3.4 cm×2.9 cm，花瓣6枚，花瓣色泽淡绿色，花瓣长宽1.4 cm×1.2 cm，花瓣质地中，柱头开裂数3裂，雌雄蕊相对高度等高，子房3室、有茸毛，花柱长度1.2 cm，花柱裂位中；果实形状球形、肾形或三角形，果实大小3.1 cm×3.3 cm，果皮厚度0.2 cm；种子形状球形、半球形或似肾形，种径大小1.3 cm×1.6 cm，种皮色泽棕色或褐色，种子百粒重124.5 g；春茶一芽二叶烘青样水浸出物（WE）46.9 %、茶多酚（TP）20.5 %、氨基酸（AA）3.2 %、咖啡碱（C）3.1 %、儿茶素总量（TC）14.04 %、酚氨比值（TP/AA）6.41，适制普洱茶和绿茶。

83. 马鹿塘2号大茶树

学名：*Camellia sinensis*（L.）O. Kuntze var. *assamica*（masters）Kitamura。位于云南省德宏傣族景颇族自治州盈江县新城乡红山村委会马鹿塘村民小组，海拔1694 m；树型小乔木型，树姿半开张，树高7.4 m，树幅7.4 m×5.9 m，最低分枝高0.2 m，基部干径8.5 m，分枝密度中；芽叶色泽绿色、芽叶茸毛多，叶片着生状态水平，叶形长椭圆形，叶色深绿色，叶片亮度不亮，平均叶片长宽14.0 cm×6.0 cm，叶面积58.8 cm^2，大叶，叶身内折，叶面微隆，叶缘微波，叶基楔形，叶质柔软，叶尖渐尖，叶脉对数12对，叶齿锯齿形，叶齿密度中，叶齿深度深，叶齿锐度中，叶柄长0.6 cm、有茸毛，叶背主脉有茸毛；花萼5枚、无茸毛，花萼色泽绿色，花冠长宽4.4 cm×3.9 cm，花瓣7枚，花瓣色泽淡绿色，花瓣长宽1.5 cm×1.2 cm，花瓣质地中，柱头开裂数3裂，雌雄蕊相对高度雌蕊高，子房3室、有茸毛，花柱长度1.3 cm，花柱裂位高；果实形状球形、肾形或三角形，果实大小3.1 cm×3.3 cm，果皮厚度0.1 cm；种子形状球形、半球形、似肾形或不规则形，种径大小1.3 cm×1.5 cm，种皮色泽褐色或棕褐色，种子百粒重106.8 g；春茶一芽二叶烘青样水浸出物（WE）50.7%、茶多酚（TP）22.9%、氨基酸（AA）4.4%、咖啡碱（C）4.0%、儿茶素总量（TC）5.34%、酚氨比值（TP/AA）5.20，适制普洱茶和绿茶。

84. 大寨坡1号大茶树

学名：*Camellia sinensis*（L.）O. Kuntze var. *assamica*（masters）Kitamura。位于云南省德宏傣族景颇族自治州盈江县油松岭乡椿头塘村委会，海拔1899 m；树型乔木型，树姿开张，树高5.8 m，树幅8.2 m×7.0 m，最低分枝高0.2 m，基部干径1.5 m，分枝密度密；芽叶色泽黄绿色、芽叶茸毛多，叶片着生状态稍上斜，叶形长椭圆形，叶色深绿色，叶片亮度发亮，平均叶片长宽13.2 cm×6.2 cm，叶面积57.3 cm^2，大叶，叶身平，叶面微隆，叶缘微波，叶基楔形，叶质中，叶尖渐尖，叶脉对数12对，叶齿锯齿形，叶齿密度中，叶齿深度中，叶齿锐度中，叶柄长0.8 cm、有茸毛，叶背主脉有茸毛；花萼5枚、无茸毛，花萼色泽绿色，花冠长宽4.3 cm×3.7 cm，花瓣6枚，花瓣色泽淡绿色，花瓣长宽1.4 cm×1.6 cm，花瓣质地中，柱头开裂数3裂，雌雄蕊相对高度雌蕊高，子房3室、有茸毛，花柱长度1.3 cm，花柱裂位中；果实形状球形、肾形或三角形，果实大小2.9 cm×3.0 cm，果皮厚度0.2 cm；种子形状球形、半球形、锥形或不规则形，种径大小1.3 cm×1.2 cm，种皮色泽棕色或褐色，种子百粒重107.5 g；春茶一芽二叶烘青样水浸出物（WE）46.7 %、茶多酚（TP）22.2 %、氨基酸（AA）3.3 %、咖啡碱（C）2.5 %、儿茶素总量（TC）16.22 %、酚氨比值（TP/AA）6.73，适制普洱茶和绿茶。

85. 大寨坡2号大茶树

学名：*Camellia sinensis*（L.）O. Kuntze var. *assamica*（masters）Kitamura。位于云南省德宏傣族景颇族自治州盈江县油松岭乡椿头塘村委会，海拔1865 m；树型灌木型，树姿半开张，树高5.2 m，树幅5.2 m×5.4 m，最低分枝高0.1 m，基部干径3.2 m，分枝密度密；芽叶色泽黄绿色、芽叶茸毛多，叶片着生状态稍上斜，叶形长椭圆形，叶色绿色，叶片亮度不亮，平均叶片长宽12.8 cm×5.2 cm，叶面积46.6 cm^2，大叶，叶身内折，叶面微隆，叶缘微波，叶基楔形，叶质中，叶尖渐尖，叶脉对数9对，叶齿锯齿形，叶齿密度中，叶齿深度中，叶齿锐度锐，叶柄长0.7 cm、有茸毛，叶背主脉有茸毛；花萼5枚、无茸毛，花萼色泽绿色，花冠长宽4.4 cm×3.6 cm，花瓣7枚，花瓣色泽白色，花瓣长宽1.4 cm×1.2 cm，花瓣质地中，柱头开裂数3裂，雌雄蕊相对高度等高，子房3室、有茸毛，花柱长度1.4 cm，花柱裂位中；果实形状球形或三角形，果实大小3.4 cm×2.8 cm，果皮厚度0.1 cm；种子形状球形、似肾形或不规则形，种径大小1.3 cm×1.4 cm，种皮色泽棕色或褐色，种子百粒重109.8 g；春茶一芽二叶烘青样水浸出物（WE）49.3 %、茶多酚（TP）21.5 %、氨基酸（AA）3.7 %、咖啡碱（C）3.0 %、儿茶素总量（TC）14.33 %、酚氨比值（TP/AA）5.81，适制普洱茶和绿茶。

86. 营庆大茶树

学名：*Camellia sinensis*（L.）O. Kuntze var. *assamica*（masters）Kitamura。位于云南省德宏傣族景颇族自治州盈江县油松岭乡营庆村委会卡子三组，海拔1844 m；树型乔木型，树姿开张，树高13.2 m，树幅7.5 m×7.1 m，最低分枝高0.1 m，基部干径1.5 m，分枝密度中；芽叶色泽黄绿色、芽叶茸毛多，叶片着生状态稍上斜，叶形长椭圆形，叶色深绿色，叶片亮度不亮，平均叶片长宽16.8 cm×6.6 cm，叶面积77.6 cm^2，特大叶，叶身平，叶面微隆，叶缘微波，叶基楔形，叶质中，叶尖渐尖，叶脉对数9对，叶齿锯齿形，叶齿密度中，叶齿深度浅，叶齿锐度中，叶柄长1.0 cm、有茸毛，叶背主脉有茸毛；花萼5枚、无茸毛，花萼色泽绿色，花冠长宽4.0 cm×3.5 cm，花瓣7枚，花瓣色泽淡绿色，花瓣长宽1.6 cm×1.3 cm，花瓣质地中，柱头开裂数3裂，雌雄蕊相对高度等高，子房3室、有茸毛，花柱长度1.3 cm，花柱裂位高；果实形状球形、肾形或三角形，果实大小3.0 cm×3.1 cm，果皮厚度0.1 cm；种子形状球形、半球形、似肾形或不规则形，种径大小1.2 cm×1.2 cm，种皮色泽棕色或棕褐色，种子百粒重80.6 g；春茶一芽二叶烘青样水浸出物（WE）51.9%、茶多酚（TP）25.4%、氨基酸（AA）3.8%、咖啡碱（C）3.8%、儿茶素总量（TC）5.37%、酚氨比值（TP/AA）6.68，适制普洱茶和绿茶。

87. 大田地1号大茶树

学名：*Camellia sinensis*（L.）O. Kuntze var. *assamica*（masters）Kitamura。位于云南省德宏傣族景颇族自治州盈江县油松岭乡营庆村委会大田地，海拔1717 m；树型乔木型，树姿开张，树高4.5 m，树幅6.5 m×5.5 m，最低分枝高1.0 m，基部干径1.3 m，分枝密度密；芽叶色泽黄绿色、芽叶茸毛多，叶片着生状态稍上斜，叶形长椭圆形，叶色绿色，叶片亮度不亮，平均叶片长宽14.0 cm×5.5 cm，叶面积53.9 cm^2，大叶，叶身平，叶面微隆，叶缘微波，叶基楔形，叶质中，叶尖渐尖，叶脉对数10对，叶齿锯齿形，叶齿密度密，叶齿深度中，叶齿锐度中，叶柄长0.8 cm、有茸毛，叶背主脉有茸毛；花萼5枚、无茸毛，花萼色泽绿色，花冠长宽3.9 cm×3.3 cm，花瓣6枚，花瓣色泽淡绿色，花瓣长宽1.5 cm×1.2 cm，花瓣质地薄，柱头开裂数3裂，雌雄蕊相对高度等高，子房3室、有茸毛，花柱长度1.1 cm，花柱裂位高；果实形状球形、肾形或三角形，果实大小2.9 cm×3.3 cm，果皮厚度0.2 cm；种子形状球形、半球形、锥形或似肾形，种径大小1.2 cm×1.4 cm，种皮色泽棕色或褐色，种子百粒重128.6 g；春茶一芽二叶烘青样水浸出物（WE）51.5%、茶多酚（TP）24.1%、氨基酸（AA）4.2%、咖啡碱（C）4.0%、儿茶素总量（TC）18.32%、酚氨比值（TP/AA）5.74，适制普洱茶和绿茶。

88. 大田地2号大茶树

学名：*Camellia sinensis*（L.）O. Kuntze var. *assamica*（masters）Kitamura。位于云南省德宏傣族景颇族自治州盈江县油松岭乡营庆村委会大田地，海拔1701 m；树型小乔木型，树姿直立，树高7.1 m，树幅4.2 m×5.1 m，最低分枝高0.7 m，基部干径0.6 m，分枝密度中；芽叶色泽黄绿色、芽叶茸毛多，叶片着生状态稍上斜，叶形长椭圆形，叶色绿色，叶片亮度发亮，平均叶片长宽18.4 cm×7.3 cm，叶面积94.0 cm^2，特大叶，叶身稍背卷，叶面隆起，叶缘微波，叶基楔形，叶质硬，叶尖渐尖，叶脉对数13对，叶齿锯齿形，叶齿密度中，叶齿深度深，叶齿锐度锐，叶柄长0.9 cm、有茸毛，叶背主脉有茸毛；花萼5枚、无茸毛，花萼色泽绿色，花冠长宽3.1 cm×2.8 cm，花瓣6枚，花瓣色泽白色，花瓣长宽1.3 cm×1.5 cm，花瓣质地中，柱头开裂数3裂，雌雄蕊相对高度等高，子房3室、有茸毛，花柱长度1.1 cm，花柱裂位高；果实形状球形、肾形或三角形，果实大小3.1 cm×3.2 cm，果皮厚度0.2 cm；种子形状球形、半球形或似肾形，种径大小1.2 cm×1.4 cm，种皮色泽棕色或褐色，种子百粒重120.5 g；春茶一芽二叶烘青样水浸出物（WE）51.9 %、茶多酚（TP）26.5 %、氨基酸（AA）3.9 %、咖啡碱（C）4.6 %、儿茶素总量（TC）18.11 %、酚氨比值（TP/AA）6.79，适制普洱茶和绿茶。

89. 六村 1 号大茶树

学名：*Camellia sinensis*（L.）O. Kuntze var. *assamica*（masters）Kitamura。位于云南省德宏傣族景颇族自治州盈江县油松岭乡油松岭村委会六村三组，海拔1919 m；树型乔木型，树姿半开张，树高5.2 m，树幅5.2 m×5.4 m，最低分枝高0.3 m，基部干径1.1 m，分枝密度中；芽叶色泽黄绿色、芽叶茸毛多，叶片着生状态稍上斜，叶形长椭圆形，叶色绿色，叶片亮度发亮，平均叶片长宽11.9 cm×4.8 cm，叶面积40.0 cm^2，大叶，叶身内折，叶面微隆，叶缘微波，叶基楔形，叶质柔软，叶尖渐尖，叶脉对数8对，叶齿锯齿形，叶齿密度中，叶齿深度中，叶齿锐度锐，叶柄长0.8 cm、有茸毛，叶背主脉有茸毛；花萼5枚、无茸毛，花萼色泽绿色，花冠长宽3.9 cm×3.4 cm，花瓣6枚，花瓣色泽白色，花瓣长宽1.7 cm×1.2 cm，花瓣质地薄，柱头开裂数3裂，雌雄蕊相对高度雌蕊高，子房3室、有茸毛，花柱长度1.9 cm，花柱裂位中；果实形状球形、肾形或三角形，果实大小3.2 cm×3.1 cm，果皮厚度0.3 cm；种子形状球形、锥形或似肾形，种径大小1.1 cm×1.3 cm，种皮色泽棕色或褐色，种子百粒重129.6 g；春茶一芽二叶烘青样水浸出物（WE）51.3 %、茶多酚（TP）14.7 %、氨基酸（AA）2.8 %、咖啡碱（C）3.3 %、儿茶素总量（TC）18.26 %、酚氨比值（TP/AA）5.25，适制普洱茶和绿茶。

90. 茅草坪茶王树

学名：*Camellia sinensis*（L.）O. Kuntze var. *assamica*（masters）Kitamura。位于云南省德宏傣族景颇族自治州盈江县油松岭乡油松岭村委会七村三组茅草坪，海拔1834 m；树型乔木型，树姿开张，树高9.6 m，树幅8.2 m×7.6 m，最低分枝高3.3 m，基部干径1.0 m，分枝密度密；芽叶色泽黄绿色、芽叶茸毛多，叶片着生状态上斜，叶形长椭圆形，叶色绿色，叶片亮度不亮，平均叶片长宽15.6 cm×5.5 cm，叶面积60.1 cm^2，特大叶，叶身内折，叶面平，叶缘微波，叶基楔形，叶质柔软，叶尖渐尖，叶脉对数19对，叶齿锯齿形，叶齿密度中，叶齿深度中，叶齿锐度中，叶柄长0.9 cm、有茸毛，叶背主脉有茸毛；花萼5枚、无茸毛，花萼色泽绿色，花冠长宽3.6 cm×3.2 cm，花瓣6枚，花瓣色泽淡绿色，花瓣长宽1.5 cm×1.7 cm，花瓣质地薄，柱头开裂数3裂，雌雄蕊相对高度雌蕊高，子房3室、有茸毛，花柱长度1.2 cm，花柱裂位中；果实形状球形、肾形或三角形，果实大小3.4 cm×3.5 cm，果皮厚度0.1 cm；种子形状球形、半球形、似肾形或不规则形，种径大小1.4 cm×1.3 cm，种皮色泽棕色或棕褐色，种子百粒重115.8 g；春茶一芽二叶烘青样水浸出物（WE）50.1 %、茶多酚（TP）26.9 %、氨基酸（AA）4.0 %、咖啡碱（C）3.9 %、儿茶素总量（TC）18.89 %、酚氨比值（TP/AA）6.73，适制普洱茶和绿茶。

91. 陡坡2号大茶树

学名：*Camellia sinensis*（L.）O. Kuntze var. *assamica*（masters）Kitamura。位于云南省德宏傣族景颇族自治州梁河县芒东镇小寨子村委会陡坡村民小组，海拔2025 m；树型乔木型，树姿半开张，树高9.2 m，树幅7.0 m×6.8 m，最低分枝高0.5 m，基部干径2.6 m，分枝密度密；芽叶色泽黄绿色、芽叶无茸毛，叶片着生状态稍上斜，叶形长椭圆形，叶色绿色，叶片亮度发亮，平均叶片长宽12.1 cm×4.6 cm，叶面积39.0 cm^2，中叶，叶身内折，叶面微隆，叶缘波，叶基楔形，叶质柔软，叶尖渐尖，叶脉对数13对，叶齿锯齿形，叶齿密度稀，叶齿深度浅，叶齿锐度钝，叶柄长0.9 cm、无茸毛，叶背主脉有茸毛；花萼5枚、无茸毛，花萼色泽绿色，花冠长宽4.2 cm×3.5 cm，花瓣7枚，花瓣色泽白色，花瓣长宽1.5 cm×1.6 cm，花瓣质地薄，柱头开裂数3裂或4裂，雌雄蕊相对高度雌蕊高，子房3室或4室、有茸毛，花柱长度1.4 cm，花柱裂位低；果实形状球形、肾形或三角形，果实大小3.2 cm×3.5 cm，果皮厚度0.1 cm；种子形状球形、半球形、似肾形或不规则形，种径大小1.4 cm×1.1 cm，种皮色泽褐色或棕褐色，种子百粒重138.9 g；春茶一芽二叶烘青样水浸出物（WE）50.9 %、茶多酚（TP）22.0 %、氨基酸（AA）2.6 %、咖啡碱（C）2.2 %、儿茶素总量（TC）7.05 %、酚氨比值（TP/AA）8.46，适制普洱茶、红茶和绿茶。

92. 赵老地2号大树茶

学名：*Camellia sinensis*（L.）O. Kuntze var. *assamica*（masters）Kitamura。位于云南省德宏傣族景颇族自治州梁河县大厂乡赵老地村委会荷花村民小组，海拔2099 m；树型乔木型，树姿开张，树高5.4 m，树幅8.8 m×8.0 m，最低分枝高0.1 m，基部干径1.8 m，分枝密度密；芽叶色泽黄绿色、芽叶茸毛多，叶片着生状态上斜，叶形长椭圆形，叶色深绿色，叶片亮度发亮，平均叶片长宽13.4 cm×5.2 cm，叶面积48.8 cm^2，大叶，叶身稍背卷，叶面微隆，叶缘微波，叶基楔形，叶质中，叶尖渐尖，叶脉对数10对，叶齿锯齿形，叶齿密度密，叶齿深度深，叶齿锐度中，叶柄长1.0 cm、无茸毛，叶背主脉有茸毛；花萼5枚、无茸毛，花萼色泽绿色，花冠长宽4.9 cm×4.2 cm，花瓣7枚，花瓣色泽淡绿色，花瓣长宽1.6 cm×1.2 cm，花瓣质地中，柱头开裂数3裂，雌雄蕊相对高度等高，子房3室、有茸毛，花柱长度1.3 cm，花柱裂位低；果实形状球形、肾形或三角形，果实大小2.7 cm×2.6 cm，果皮厚度0.2 cm；种子形状球形、似肾形或不规则形，种径大小1.3 cm×1.3 cm，种皮色泽棕色或棕褐色，种子百粒重110.4 g；春茶一芽二叶烘青样水浸出物（WE）48.1%、茶多酚（TP）19.6%、氨基酸（AA）2.6%、咖啡碱（C）2.0%、儿茶素总量（TC）6.10%、酚氨比值（TP/AA）7.54，适制普洱茶和绿茶。

93. 永安寨大茶树

学名：*Camellia sinensis*（L.）O. Kuntze var. *assamica*（masters）Kitamura。位于云南省德宏傣族景颇族自治州梁河县大厂乡永安寨村委会，海拔1987 m；树型乔木型，树姿开张，树高7.9 m，树幅8.4 m×7.2 m，最低分枝高0.5 m，基部干径1.3 m，分枝密度密；芽叶色泽黄绿色、芽叶茸毛多，叶片着生状态稍上斜，叶形长椭圆形，叶色深绿色，叶片亮度发亮，平均叶片长宽21.2 cm×7.3 cm，叶面积108.3 cm^2，特大叶，叶身平，叶面微隆，叶缘微波，叶基楔形，叶质中，叶尖渐尖，叶脉对数11对，叶齿锯齿形，叶齿密度中，叶齿深度中，叶齿锐度中，叶柄长0.9 cm、有茸毛，叶背主脉有茸毛；花萼5枚、无茸毛，花萼色泽绿色，花冠长宽4.2 cm×3.8 cm，花瓣7枚，花瓣色泽淡绿色，花瓣长宽1.2 cm×1.1 cm，花瓣质地中，柱头开裂数3裂，雌雄蕊相对高度雌蕊高，子房3室、有茸毛，花柱长度1.5 cm，花柱裂位中；果实形状球形、肾形、三角形或四方形，果实大小3.2 cm×3.2 cm，果皮厚度0.1 cm；种子形状球形、似肾形或不规则形，种径大小1.6 cm×1.7 cm，种皮色泽棕色或褐色，种子百粒重166.0 g；春茶一芽二叶烘青样水浸出物（WE）52.0 %、茶多酚（TP）26.5 %、氨基酸（AA）2.8 %、咖啡碱（C）2.6 %、儿茶素总量（TC）10.92 %、酚氨比值（TP/AA）9.46，适制普洱茶、红茶和绿茶。

94. 三合街 1 号大茶树

学名：*Camellia sinensis*（L.）O. Kuntze var. *assamica*（masters）Kitamura。位于云南省德宏傣族景颇族自治州梁河县平山乡勐蚌村委会三合街，海拔1667 m；树型灌木型，树姿半开张，树高7.8 m，树幅5.6 m×5.2 m，最低分枝高0.3 m，基部干径1.8 m，分枝密度中；芽叶色泽黄绿色、芽叶茸毛特多，叶片着生状态稍上斜，叶形长椭圆形，叶色深绿色，叶片亮度发亮，平均叶片长宽14.5 cm×5.7 cm，叶面积57.9 cm^2，大叶，叶身稍背卷，叶面微隆，叶缘微波，叶基楔形，叶质中，叶尖渐尖，叶脉对数10对，叶齿锯齿形，叶齿密度密，叶齿深度中，叶齿锐度中，叶柄长0.6 cm、有茸毛，叶背主脉有茸毛；花萼5枚、无茸毛，花萼色泽绿色，花冠长宽4.5 cm×3.9 cm，花瓣6枚，花瓣色泽淡绿色，花瓣长宽1.5 cm×1.2 cm，花瓣质地中，柱头开裂数3裂，雌雄蕊相对高度等高，子房3室、有茸毛，花柱长度1.0 cm，花柱裂位低；果实形状球形、肾形或三角形，果实大小3.1 cm×3.4 cm，果皮厚度0.1 cm；种子形状球形、三角形或似肾形，种径大小1.2 cm×1.4 cm，种皮色泽棕色或褐色，种子百粒重105.6 g；春茶一芽二叶烘青样水浸出物（WE）53.4 %、茶多酚（TP）22.9 %、氨基酸（AA）5.0 %、咖啡碱（C）5.2 %、儿茶素总量（TC）5.99 %、酚氨比值（TP/AA）4.58，适制普洱茶和绿茶。

95. 三合街2号大茶树

学名：*Camellia sinensis*（L.）O. Kuntze var. *assamica*（masters）Kitamura。位于云南省德宏傣族景颇族自治州梁河县平山乡勐蚌村委会三合街，海拔1722 m；树型小乔木型，树姿开张，树高5.8 m，树幅7.3 m×9.5 m，最低分枝高0.1 m，基部干径2.0 m，分枝密度密；芽叶色泽绿色、芽叶茸毛特多，叶片着生状态水平，叶形长椭圆形，叶色深绿色，叶片亮度发亮，平均叶片长宽19.0 cm×6.3 cm，叶面积83.8 cm^2，特大叶，叶身平，叶面微隆，叶缘微波，叶基楔形，叶质硬，叶尖渐尖，叶脉对数16对，叶齿锯齿形，叶齿密度密，叶齿深度深，叶齿锐度锐，叶柄长0.7 cm、有茸毛，叶背主脉有茸毛；花萼5枚、无茸毛，花萼色泽绿色，花冠长宽4.6 cm×3.7 cm，花瓣6枚，花瓣色泽白色，花瓣长宽1.4 cm×1.2 cm，花瓣质地中，柱头开裂数3裂，雌雄蕊相对高度雌蕊高，子房3室、有茸毛，花柱长度1.3 cm，花柱裂位中；果实形状球形、肾形或三角形，果实大小3.1 cm×3.3 cm，果皮厚度0.2 cm；种子形状球形、三角形或似肾形，种径大小1.4 cm×1.2 cm，种皮色泽棕色或棕褐色，种子百粒重102.4 g；春茶一芽二叶烘青样水浸出物（WE）52.3 %、茶多酚（TP）25.6 %、氨基酸（AA）4.6 %、咖啡碱（C）4.3 %、儿茶素总量（TC）9.06 %、酚氨比值（TP/AA）5.57，适制普洱茶和绿茶。

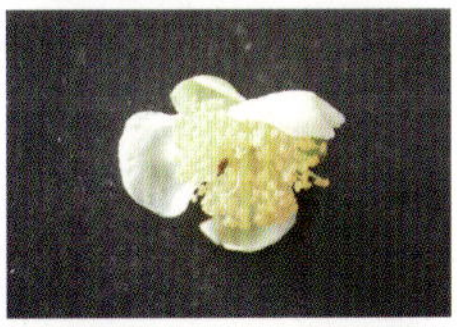

96. 三合街3号大茶树

学名：*Camellia sinensis*（L.）O. Kuntze var. *assamica*（masters）Kitamura。位于云南省德宏傣族景颇族自治州梁河县平山乡勐蚌村委会三合街，海拔1726 m；树型小乔木型，树姿开张，树高5.2 m，树幅7.7 m×7.6 m，最低分枝高0.6 m，基部干径1.8 m，分枝密度密；芽叶色泽淡绿色、芽叶茸毛特多，叶片着生状态稍上斜，叶形长椭圆形，叶色深绿色，叶片亮度不亮，平均叶片长宽13.7 cm×5.3 cm，叶面积50.8 cm^2，大叶，叶身稍背卷，叶面微隆，叶缘微波，叶基楔形，叶质硬，叶尖渐尖，叶脉对数10对，叶齿锯齿形，叶齿密度密，叶齿深度中，叶齿锐度中，叶柄长1.0 cm、有茸毛，叶背主脉有茸毛；花萼5枚、无茸毛，花萼色泽绿色，花冠长宽4.0 cm×3.3 cm，花瓣6枚，花瓣色泽淡绿色，花瓣长宽1.3 cm×1.1 cm，花瓣质地中，柱头开裂数3裂，雌雄蕊相对高度等高，子房3室、有茸毛，花柱长度1.1 cm，花柱裂位中；果实形状球形、肾形或三角形，果实大小3.3 cm×2.9 cm，果皮厚度0.2 cm；种子形状球形、似肾形或不规则形，种径大小1.5 cm×1.2 cm，种皮色泽棕色或褐色，种子百粒重111.6 g；春茶一芽二叶烘青样水浸出物（WE）51.7 %、茶多酚（TP）23.3 %、氨基酸（AA）4.9 %、咖啡碱（C）3.6 %、儿茶素总量（TC）12.54 %、酚氨比值（TP/AA）4.76，适制普洱茶和绿茶。

97. 三合街4号大茶树

学名：*Camellia sinensis*（L.）O. Kuntze var. *assamica*（masters）Kitamura。位于云南省德宏傣族景颇族自治州梁河县平山乡勐蚌村委会三合街，海拔1756 m；树型小乔木型，树姿半开张，树高7.3 m，树幅8.3 m×5.4 m，最低分枝高0.3 m，基部干径1.5 m，分枝密度中；芽叶色泽黄绿色、芽叶茸毛多，叶片着生状态稍上斜，叶形长椭圆形，叶色深绿色，叶片亮度发亮，平均叶片长宽14.0 cm×5.3 cm，叶面积51.9 cm^2，大叶，叶身平，叶面平，叶缘微波，叶基楔形，叶质柔软，叶尖渐尖，叶脉对数11对，叶齿锯齿形，叶齿密度中，叶齿深度中，叶齿锐度中，叶柄长0.8 cm、有茸毛，叶背主脉有茸毛；花萼5枚、无茸毛，花萼色泽绿色，花冠长宽4.3 cm×4.1 cm，花瓣7枚，花瓣色泽淡绿色，花瓣长宽1.3 cm×1.6 cm，花瓣质地中，柱头开裂数3裂，雌雄蕊相对高度雌蕊低，子房3室、有茸毛，花柱长度1.4 cm，花柱裂位中；果实形状球形、肾形或三角形，果实大小3.3 cm×2.6 cm，果皮厚度0.2 cm；种子形状球形、半球形、似肾形或不规则形，种径大小1.1 cm×1.4 cm，种皮色泽棕色或棕褐色，种子百粒重110.5 g；春茶一芽二叶烘青样水浸出物（WE）52.6 %、茶多酚（TP）24.6 %、氨基酸（AA）3.7 %、咖啡碱（C）3.6 %、儿茶素总量（TC）21.09 %、酚氨比值（TP/AA）6.65，适制普洱茶和绿茶。

98. 老寨子1号大茶树

学名：*Camellia sinensis*（L.）O. Kuntze var. *assamica*（masters）Kitamura。位于云南省德宏傣族景颇族自治州梁河县平山乡核桃林村委会老寨子村民小组，海拔1811 m；树型小乔木型，树姿开张，树高6.2 m，树幅4.3 m×6.0 m，最低分枝高0.5 m，基部干径0.6 m，分枝密度密；芽叶色泽黄绿色、芽叶茸毛特多，叶片着生状态水平，叶形长椭圆形，叶色深绿色，叶片亮度发亮，平均叶片长宽13.5 cm×5.5 cm，叶面积52.0 cm^2，大叶，叶身平，叶面平，叶缘微波，叶基楔形，叶质中，叶尖渐尖，叶脉对数9对，叶齿锯齿形，叶齿密度密，叶齿深度中，叶齿锐度钝，叶柄长0.6 cm、有茸毛，叶背主脉有茸毛；花萼5枚、无茸毛，花萼色泽绿色，花冠长宽3.8 cm×3.3 cm，花瓣6枚，花瓣色泽淡绿色，花瓣长宽1.1 cm×1.4 cm，花瓣质地厚，柱头开裂数3裂，雌雄蕊相对高度等高，子房3室、有茸毛，花柱长度1.3 cm，花柱裂位高；果实形状肾形、三角形或四方形，果实大小3.0 cm×3.3 cm，果皮厚度0.1 cm；种子形状球形、半球形、似肾形或不规则形，种径大小1.3 cm×1.3 cm，种皮色泽棕色，种子百粒重109.8 g；春茶一芽二叶烘青样水浸出物（WE）51.6%、茶多酚（TP）26.0%、氨基酸（AA）3.5%、咖啡碱（C）4.0%、儿茶素总量（TC）19.96%、酚氨比值（TP/AA）7.43，适制普洱茶和绿茶。

99. 老寨子2号大茶树

学名：*Camellia sinensis*（L.）O. Kuntze var. *assamica*（masters）Kitamura。位于云南省德宏傣族景颇族自治州梁河县平山乡核桃林村委会老寨子村民小组，海拔1811 m；树型灌木型，树姿开张，树高5.4 m，树幅6.3 m×6.0 m，最低分枝高0.3 m，基部干径1.4 m，分枝密度中；芽叶色泽淡绿色、芽叶茸毛多，叶片着生状态稍上斜，叶形长椭圆形，叶色深绿色，叶片亮度不亮，平均叶片长宽13.7 cm×5.6 cm，叶面积53.7 cm^2，大叶，叶身内折，叶面微隆，叶缘微波，叶基楔形，叶质中，叶尖渐尖，叶脉对数12对，叶齿锯齿形，叶齿密度中，叶齿深度中，叶齿锐度中，叶柄长0.8 cm、有茸毛，叶背主脉有茸毛；花萼5枚、无茸毛，花萼色泽绿色，花冠长宽4.5 cm×4.1 cm，花瓣7枚，花瓣色泽淡绿色，花瓣长宽1.3 cm×1.0 cm，花瓣质地中，柱头开裂数3裂，雌雄蕊相对高度等高，子房3室、有茸毛，花柱长度1.3 cm，花柱裂位中；果实形状球形、肾形或三角形，果实大小2.9 cm×3.0 cm，果皮厚度0.1 cm；种子形状球形、半球形或不规则形，种径大小1.4 cm×1.1 cm，种皮色泽棕色或褐色，种子百粒重107.6 g；春茶一芽二叶烘青样水浸出物（WE）52.3 %、茶多酚（TP）24.5 %、氨基酸（AA）2.6 %、咖啡碱（C）2.0 %、儿茶素总量（TC）20.13 %、酚氨比值（TP/AA）9.42，适制普洱茶、红茶和绿茶。

100. 杨家寨大茶树

学名：*Camellia sinensis*（L.）O. Kuntze var. *assamica*（masters）Kitamura。位于云南省德宏傣族景颇族自治州梁河县平山乡核桃林村委会杨家寨村民小组，海拔1781 m；树型小乔木型，树姿开张，树高5.5 m，树幅6.3 m×6.3 m，最低分枝高0.2 m，基部干径2.7 m，分枝密度密；芽叶色泽绿色、芽叶无茸毛，叶片着生状态稍上斜，叶形长椭圆形，叶色绿色，叶片亮度不亮，平均叶片长宽13.7 cm×5.5 cm，叶面积52.7 cm^2，大叶，叶身平，叶面微隆，叶缘微波，叶基楔形，叶质硬，叶尖渐尖，叶脉对数11对、叶齿锯齿形，叶齿密度中，叶齿深度浅，叶齿锐度钝，叶柄长0.7 cm、无茸毛，叶背主脉无茸毛；花萼5枚、有茸毛，花萼色泽绿色，花冠长宽3.7 cm×3.1 cm，花瓣6枚，花瓣色泽淡绿色，花瓣长宽1.6 cm×1.2 cm，花瓣质地薄，柱头开裂数3裂，雌雄蕊相对高度雌蕊低，子房3室、有茸毛，花柱长度0.8 cm，花柱裂位低；果实形状球形、肾形或三角形，果实大小2.9 cm×3.2 cm，果皮厚度0.1 cm；种子形状球形、半球形或不规则形，种径大小1.3 cm×1.2 cm，种皮色泽棕色，种子百粒重108.4 g；春茶一芽二叶烘青样水浸出物（WE）54.8 %、茶多酚（TP）23.7 %、氨基酸（AA）4.5 %、咖啡碱（C）4.6 %、儿茶素总量（TC）19.00 %、酚氨比值（TP/AA）5.27，适制普洱茶和绿茶。

101. 横梁子 1 号大茶树

学名：*Camellia sinensis*（L.）O. Kuntze var. *assamica*（masters）Kitamura。位于云南省德宏傣族景颇族自治州梁河县平山乡核桃林村委会横梁子村民小组，海拔1779 m；树型乔木型，树姿开张，树高9.1 m，树幅9.2 m×9.4 m，最低分枝高1.3 m，基部干径1.8 m，分枝密度密；芽叶色泽黄绿色、芽叶茸毛多，叶片着生状态稍上斜，叶形长椭圆形，叶色深绿色，叶片亮度发亮，平均叶片长宽17.2 cm×6.0 cm，叶面积72.2 cm^2，特大叶，叶身平，叶面微隆，叶缘微波，叶基楔形，叶质中，叶尖渐尖，叶脉对数12对，叶齿锯齿形，叶齿密度中，叶齿深度深，叶齿锐度中，叶柄长0.7 cm、有茸毛，叶背主脉有茸毛；花萼5枚、无茸毛，花萼色泽绿色，花冠长宽3.8 cm×3.3 cm，花瓣6枚，花瓣色泽淡绿色，花瓣长宽1.8 cm×1.4 cm，花瓣质地中，柱头开裂数3裂，雌雄蕊相对高度等高，子房3室、有茸毛，花柱长度1.1 cm，花柱裂位中；果实形状球形、肾形或三角形，果实大小3.2 cm×3.2 cm，果皮厚度0.1 cm；种子形状球形、半球形、似肾形或不规则形，种径大小1.4 cm×1.4 cm，种皮色泽棕色或褐色，种子百粒重90.5 g；春茶一芽二叶烘青样水浸出物（WE）51.1 %、茶多酚（TP）24.1 %、氨基酸（AA）3.4 %、咖啡碱（C）3.9 %、儿茶素总量（TC）22.14 %、酚氨比值（TP/AA）7.09，适制普洱茶和绿茶。

102. 横梁子 2 号大茶树

学名：*Camellia sinensis*（L.）O. Kuntze var. *assamica*（masters）Kitamura。位于云南省德宏傣族景颇族自治州梁河县平山乡核桃林村委会横梁子村民小组，海拔1958 m；树型乔木型，树姿开张，树高6.4 m，树幅7.1 m×10.1 m，最低分枝高0.3 m，基部干径1.3 m，分枝密度密；芽叶色泽黄绿色、芽叶茸毛多，叶片着生状态稍上斜，叶形长椭圆形，叶色绿色，叶片亮度不亮，平均叶片长宽13.4 cm×4.9 cm，叶面积46.0 cm^2，大叶，叶身平，叶面平，叶缘微波，叶基楔形，叶质中，叶尖渐尖，叶脉对数9对，叶齿锯齿形，叶齿密度中，叶齿深度浅，叶齿锐度中，叶柄长0.7 cm、有茸毛，叶背主脉有茸毛；花萼5枚、无茸毛，花萼色泽绿色，花冠长宽4.0 cm×3.4 cm，花瓣6枚，花瓣色泽淡绿色，花瓣长宽1.4 cm×1.2 cm，花瓣质地厚，柱头开裂数3裂，雌雄蕊相对高度等高，子房3室、有茸毛，花柱长度1.2 cm，花柱裂位中；果实形状球形、肾形或三角形，果实大小2.7 cm×2.6 cm，果皮厚度0.3 cm；种子形状球形、半球形或不规则形，种径大小1.0 cm×1.0 cm，种皮色泽棕色，种子百粒重63.9 g；春茶一芽二叶烘青样水浸出物（WE）52.3 %、茶多酚（TP）26.8 %、氨基酸（AA）3.1 %、咖啡碱（C）3.2 %、儿茶素总量（TC）20.67 %、酚氨比值（TP/AA）8.65，适制普洱茶、红茶和绿茶。

103. 小新寨大茶树

学名：*Camellia sinensis*（L.）O. Kuntze var. *assamica*（masters）Kitamura。位于云南省德宏傣族景颇族自治州芒市江东乡仙人洞村委会小新寨村民小组，海拔1804 m；树型乔木型，树姿直立，树高5.3 m，树幅4.5 m×4.0 m，最低分枝高0.5 m，基部干径0.8 m，分枝密度稀；芽叶色泽黄绿色、芽叶茸毛多，叶片着生状态稍上斜，叶形长椭圆形，叶色黄绿色，叶片亮度发亮，平均叶片长宽14.5 cm×6.0 cm，叶面积60.9 cm^2，特大叶，叶身平，叶面微隆，叶缘微波，叶基近圆形，叶质中，叶尖钝尖，叶脉对数12对，叶齿锯齿形，叶齿密度密，叶齿深度中，叶齿锐度中，叶柄长0.7 cm、有茸毛，叶背主脉有茸毛；花萼5枚、有茸毛，花萼色泽绿色，花冠长宽4.1 cm×3.8 cm，花瓣6枚，花瓣色泽淡绿色，花瓣长宽1.8 cm×2.4 cm，花瓣质地厚，柱头开裂数3裂，雌雄蕊相对高度雌蕊高，子房3室、有茸毛，花柱长度1.3 cm，花柱裂位中；果实形状球形、肾形或三角形，果实大小2.5 cm×3.2 cm，果皮厚度0.1 cm；种子形状球形、三角形或似肾形，种径大小1.2 cm×1.4 cm，种皮色泽棕色或褐色，种子百粒重158.6 g；春茶一芽二叶烘青样水浸出物（WE）45.7 %、茶多酚（TP）25.4 %、氨基酸（AA）2.6 %、咖啡碱（C）2.4 %、儿茶素总量（TC）19.20 %、酚氨比值（TP/AA）9.77，适制普洱茶、红茶和绿茶。

104. 河边寨1号大茶树

学名：*Camellia sinensis*（L.）O. Kuntze var. *assamica*（masters）Kitamura。位于云南省德宏傣族景颇族自治州芒市江东乡仙人洞村委会河边寨村民小组，海拔1726 m；树型乔木型，树姿半开张，树高10.5 m，树幅7.5 m×6.0 m，最低分枝高0.1 m，基部干径2.6 m，分枝密度稀；芽叶色泽黄绿色、芽叶茸毛多，叶片着生状态稍上斜，叶形披针形，叶色深绿色，叶片亮度发亮，平均叶片长宽12.8 cm×5.2 cm，叶面积46.6 cm^2，大叶，叶身稍背卷，叶面微隆，叶缘微波，叶基楔形，叶质中，叶尖渐尖，叶脉对数10对，叶齿锯齿形，叶齿密度密，叶齿深度中，叶齿锐度钝，叶柄长0.7 cm、有茸毛，叶背主脉有茸毛；花萼5枚、有茸毛，花萼色泽绿色，花冠长宽3.6 cm×3.2 cm，花瓣6枚，花瓣色泽淡绿色，花瓣长宽1.5 cm×1.3 cm，花瓣质地中，柱头开裂数3裂，雌雄蕊相对高度雌蕊高，子房3室、有茸毛，花柱长度1.4 cm，花柱裂位高；果实形状球形、肾形或三角形，果实大小3.1 cm×2.8 cm，果皮厚度0.2 cm；种子形状球形、似肾形或不规则形，种径大小1.2 cm×1.4 cm，种皮色泽棕色或棕褐色，种子百粒重112.5 g；春茶一芽二叶烘青样水浸出物（WE）40.3%、茶多酚（TP）15.5%、氨基酸（AA）2.5%、咖啡碱（C）2.6%、儿茶素总量（TC）12.48%、酚氨比值（TP/AA）6.2，适制普洱茶和绿茶。

105. 河边寨2号大茶树

学名：*Camellia sinensis*（L.）O. Kuntze var. *assamica*（masters）Kitamura。位于云南省德宏傣族景颇族自治州芒市江东乡仙人洞村委会河边寨村民小组，海拔1716 m；树型乔木型，树姿半开张，树高8.6 m，树幅9.5 m×9.0 m，最低分枝高0.2 m，基部干径1.6 m，分枝密度中；芽叶色泽黄绿色、芽叶茸毛多，叶片着生状态上斜，叶形长椭圆形，叶色黄绿色，叶片亮度发亮，平均叶片长宽18.1 cm×6.4 cm，叶面积81.1 cm^2，特大叶，叶身稍背卷，叶面微隆，叶缘微波，叶基楔形，叶质中，叶尖渐尖，叶脉对数16对，叶齿锯齿形，叶齿密度中，叶齿深度中，叶齿锐度中，叶柄长0.7 cm、有茸毛，叶背主脉有茸毛；花萼5枚、有茸毛，花萼色泽绿色，花冠长宽4.4 cm×3.9 cm，花瓣7枚，花瓣色泽淡绿色，花瓣长宽1.3 cm×1.1 cm，花瓣质地中，柱头开裂数3裂，雌雄蕊相对高度等高，子房3室、有茸毛，花柱长度1.2 cm，花柱裂位高；果实形状球形、肾形或三角形，果实大小3.2 cm×2.7 cm，果皮厚度0.1 cm；种子形状球形、半球形、似肾形或不规则形，种径大小1.2 cm×1.4 cm，种皮色泽棕色或褐色，种子百粒重113.8 g；春茶一芽二叶烘青样水浸出物（WE）42.1 %、茶多酚（TP）23.6 %、氨基酸（AA）2.3 %、咖啡碱（C）2.1 %、儿茶素总量（TC）17.78 %、酚氨比值（TP/AA）10.26，适制普洱茶、红茶和绿茶。

106. 花拉厂大茶树

学名：*Camellia sinensis*（L.）O. Kuntze var. *assamica*（masters）Kitamura。位于云南省德宏傣族景颇族自治州芒市江东乡花拉厂村委会二组村民小组，海拔1782 m；树型乔木型，树姿直立，树高5.3 m，树幅4.5 m×4.0 m，最低分枝高0.5 m，基部干径0.8 m，分枝密度中；芽叶色泽黄绿色、芽叶茸毛多，叶片着生状态稍上斜，叶形长椭圆形，叶色绿色，叶片亮度发亮，平均叶片长宽19.5 cm×8.0 cm，叶面积109.2 cm^2，特大叶，叶身稍背卷，叶面微隆，叶缘微波，叶基近圆形，叶质中，叶尖钝尖，叶脉对数18对，叶齿锯齿形，叶齿密度中，叶齿深度中，叶齿锐度中，叶柄长0.7 cm、有茸毛，叶背主脉有茸毛；花萼5枚、有茸毛，花萼色泽绿色，花冠长宽4.1 cm×3.7 cm，花瓣6枚，花瓣色泽淡绿色，花瓣长宽1.5 cm×1.1 cm，花瓣质地中，柱头开裂数3裂，雌雄蕊相对高度雌蕊高，子房3室、有茸毛，花柱长度1.5 cm，花柱裂位中；果实形状球形、肾形或三角形，果实大小3.3 cm×2.8 cm，果皮厚度0.2 cm；种子形状球形、似肾形或不规则形，种径大小3.2 cm×2.8 cm，种皮色泽棕色或褐色，种子百粒重97.5 g；春茶一芽二叶烘青样水浸出物（WE）41.8%、茶多酚（TP）23.2%、氨基酸（AA）3.1%、咖啡碱（C）3.1%、儿茶素总量（TC）18.76%、酚氨比值（TP/AA）7.48，适制普洱茶和绿茶。

107. 岭干寨大茶树

学名：*Camellia sinensis*（L.）O. Kuntze var. *assamica*（masters）Kitamura。位于云南省德宏傣族景颇族自治州芒市江东乡花拉厂村委会三村三组，海拔1729 m；树型乔木型，树姿半开张，树高4.5 m，树幅4.8 m×4.0 m，最低分枝高0.7 m，基部干径1.2 m，分枝密度稀；芽叶色泽黄绿色、芽叶茸毛多，叶片着生状态稍上斜，叶形长椭圆形，叶色绿色，叶片亮度发亮，平均叶片长宽20.3 cm×8.3 cm，叶面积117.9 cm^2，特大叶，叶身稍背卷，叶面微隆，叶缘微波，叶基楔形，叶质中，叶尖渐尖，叶脉对数15对，叶齿锯齿形，叶齿密度中，叶齿深度深，叶齿锐度中，叶柄长0.7 cm、有茸毛，叶背主脉有茸毛；花萼5枚、有茸毛，花萼色泽绿色，花冠长宽3.7 cm×3.3 cm，花瓣7枚，花瓣色泽淡绿色，花瓣长宽1.7 cm×1.5 cm，花瓣质地薄，柱头开裂数3裂，雌雄蕊相对高度雌蕊低，子房3室、有茸毛，花柱长度1.5 cm，花柱裂位低；果实形状球形、肾形或三角形，果实大小3.1 cm×2.6 cm，果皮厚度0.1 cm；种子形状球形、半球形或不规则形，种径大小1.3 cm×1.4 cm，种皮色泽棕色或褐色，种子百粒重122.6 g；春茶一芽二叶烘青样水浸出物（WE）48.9 %、茶多酚（TP）24.7 %、氨基酸（AA）2.6 %、咖啡碱（C）2.6 %、儿茶素总量（TC）23.44 %、酚氨比值（TP/AA）9.5，适制普洱茶、红茶和绿茶。

108. 大水沟新寨1号大茶树

学名：*Camellia sinensis*（L.）O. Kuntze var. *assamica*（masters）Kitamura。位于云南省德宏傣族景颇族自治州芒市江东乡大水沟村委会新寨一组村民小组，海拔1836 m；树型小乔木型，树姿开张，树高4.0 m，树幅8.6 m×6.3 m，最低分枝高0.1 m，基部干径4.1 m，分枝密度稀；芽叶色泽黄绿色、芽叶茸毛数量中，叶片着生状态稍上斜，叶形长椭圆形，叶色黄绿色，叶片亮度发亮，平均叶片长宽10.0 cm×3.9 cm，叶面积27.3 cm^2，中叶，叶身内折，叶面微隆，叶缘微波，叶基楔形，叶质硬，叶尖渐尖，叶脉对数8对，叶齿锯齿形，叶齿密度密，叶齿深度中，叶齿锐度中，叶柄长0.6 cm、有茸毛，叶背主脉有茸毛；花萼5枚、有茸毛，花萼色泽绿色，花冠长宽3.7 cm×4.1 cm，花瓣6枚，花瓣色泽色白色，花瓣长宽2.3 cm×2.6 cm，花瓣质地厚，柱头开裂数3裂，雌雄蕊相对高度雌蕊高，子房3室、有茸毛，花柱长度1.2 cm，花柱裂位低；果实形状球形、肾形或三角形，果实大小3.3 cm×2.9 cm，果皮厚度0.1 cm；种子形状球形、半球形、似肾形或不规则形，种径大小1.1 cm×1.3 cm，种皮色泽棕色或褐色，种子百粒重123.9 g；春茶一芽二叶烘青样水浸出物（WE）43.9％、茶多酚（TP）19.8％、氨基酸（AA）3.3％、咖啡碱（C）3.3％、儿茶素总量（TC）19.59％、酚氨比值（TP/AA）6.0，适制普洱茶和绿茶。

109. 大水沟新寨2号大茶树

学名：*Camellia sinensis*（L.）O. Kuntze var. *assamica*（masters）Kitamura。位于云南省德宏傣族景颇族自治州芒市江东乡大水沟村委会新寨一组村民小组，海拔1683 m；树型乔木型，树姿半开张，树高4.5 m，树幅1.4 m×4.0 m，最低分枝高0.4 m，基部干径0.9 m，分枝密度中；芽叶色泽黄绿色、芽叶茸毛多，叶片着生状态稍上斜，叶形长椭圆形，叶色深绿色，叶片亮度发亮，平均叶片长宽16.7 cm×7.1 cm，叶面积83.0 cm^2，特大叶，叶身内折，叶面隆起，叶缘波，叶基楔形，叶质柔软，叶尖渐尖，叶脉对数17对，叶齿锯齿形，叶齿密度稀，叶齿深度中，叶齿锐度锐，叶柄长0.6 cm、有茸毛，叶背主脉有茸毛；花萼5枚、无茸毛，花萼色泽绿色，花冠长宽3.8 cm×4.3 cm，花瓣7枚，花瓣色泽淡绿色，花瓣长宽1.3 cm×1.4 cm，花瓣质地厚，柱头开裂数3裂，雌雄蕊相对高度等高，子房3室、有茸毛，花柱长度1.3 cm，花柱裂位中；果实形状球形、肾形或三角形，果实大小3.2 cm×3.4 cm，果皮厚度0.2 cm；种子形状球形、半球形或不规则形，种径大小1.4 cm×1.3 cm，种皮色泽棕色或棕褐色，种子百粒重195.8 g；春茶一芽二叶烘青样水浸出物（WE）43.9％、茶多酚（TP）26.6％、氨基酸（AA）2.0％、咖啡碱（C）1.7％、儿茶素总量（TC）21.79％、酚氨比值（TP/AA）13.3，适制普洱茶、红茶和绿茶。

110. 李子坪大茶树

学名：*Camellia sinensis*（L.）O. Kuntze var. *assamica*（masters）Kitamura。位于云南省德宏傣族景颇族自治州芒市江东乡李子坪村委会新寨一组村民小组，海拔1822 m；树型乔木型，树姿半开张，树高4.8 m，树幅5.0 m×4.1 m，最低分枝高0.5 m，基部干径1.4 m，分枝密度稀；芽叶色泽黄绿色、芽叶茸毛数量中，叶片着生状态稍上斜，叶形椭圆形，叶色黄绿色，叶片亮度发亮，平均叶片长宽13.1 cm×6.4 cm，叶面积58.7 cm^2，大叶，叶身内折，叶面微隆，叶缘微波，叶基楔形，叶质中，叶尖钝尖，叶脉对数12对，叶齿锯齿形，叶齿密度中，叶齿深度中，叶齿锐度中，叶柄长0.6 cm、有茸毛，叶背主脉有茸毛；花萼5枚、有茸毛，花萼色泽绿色，花冠长宽4.1 cm×4.4 cm，花瓣6枚，花瓣色泽淡绿色，花瓣长宽1.7 cm×1.5 cm，花瓣质地薄，雌柱头开裂数3裂，雄蕊相对高度雌蕊高，子房3室、有茸毛，花柱长度1.2 cm，花柱裂位高；果实形状球形、肾形或三角形，果实大小3.7 cm×4.0 cm，果皮厚度0.2 cm；种子形状球形、半球形或似肾形，种径大小1.4 cm×1.3 cm，种皮色泽褐色或棕褐色，种子百粒重129.6 g；春茶一芽二叶烘青样水浸出物（WE）44.4 %、茶多酚（TP）25.5 %、氨基酸（AA）2.8 %、咖啡碱（C）2.4 %、儿茶素总量（TC）18.47 %、酚氨比值（TP/AA）9.11，适制普洱茶、红茶和绿茶。

111. 半坡大茶树

学名：*Camellia sinensis*（L.）O. Kuntze var. *assamica*（masters）Kitamura。位于云南省德宏傣族景颇族自治州芒市芒市镇回贤村委会半坡村民小组，海拔1923 m；树型乔木型，树姿直立，树高8.6 m，树幅9.5 m×8.0 m，最低分枝高0.3 m，基部干径1.8 m，分枝密度稀；芽叶色泽黄绿色、芽叶茸毛多，叶片着生状态稍上斜，叶形长椭圆形，叶色黄绿色，叶片亮度发亮，平均叶片长宽12.0 cm×5.1 cm，叶面积42.8 m^2，大叶，叶身内折，叶面微隆，叶缘微波，叶基楔形，叶质中，叶尖钝尖，叶脉对数11对，叶齿锯齿形，叶齿密度中，叶齿深度中，叶齿锐度中，叶柄长0.6 cm、有茸毛，叶背主脉有茸毛；花萼5枚、无茸毛，花萼色泽绿色，花冠长宽4.2 cm×3.8 m，花瓣7枚，花瓣色泽白色，花瓣长宽1.9 cm×2.3 cm，花瓣质地薄，柱头开裂数3裂，雌雄蕊相对高度雌蕊高，子房3室、有茸毛，花柱长度1.3 cm，花柱裂位低；果实形状球形、肾形或三角形，果实大小3.1 cm×2.9 cm，果皮厚度0.1 cm；种子形状球形、半球形或似肾形，种径大小1.3 cm×1.4 cm，种皮色泽棕色或褐色，种子百粒重132.5 g；春茶一芽二叶烘青样水浸出物（WE）40.2 %、茶多酚（TP）19.3 %、氨基酸（AA）2.5 %、咖啡碱（C）2.3 %、儿茶素总量（TC）20.66 %、酚氨比值（TP/AA）7.72，适制普洱茶和绿茶。

112. 象滚塘大茶树

学名：*Camellia sinensis*（L.）O. Kuntze var. *assamica*（masters）Kitamura。位于云南省德宏傣族景颇族自治州芒市芒市镇象滚塘村委会外寨村民小组，海拔1471 m；树型乔木型，树姿半开张，树高5.2 m，树幅5.0 m×4.8 m，最低分枝高0.6 m，基部干径1.2 m，分枝密度中；芽叶色泽绿色、芽叶茸毛数量中，叶片着生状态稍上斜，叶形长椭圆形，叶色淡绿色，叶片亮度发亮，平均叶片长宽14.5 cm×5.0 cm，叶面积50.8 cm^2，大叶，叶身平，叶面微隆，叶缘微波，叶基楔形，叶质中，叶尖渐尖，叶脉对数12对，叶齿锯齿形，叶齿密度中，叶齿深度浅，叶齿锐度中，叶柄长0.6 cm、有茸毛，叶背主脉有茸毛；花萼5枚、有茸毛，花萼色泽绿色，花冠长宽4.1 cm×3.8 cm，花瓣7枚，花瓣色泽白色，花瓣长宽2.4 cm×2.6 cm，花瓣质地薄，柱头开裂数3裂，雌雄蕊相对高度雌蕊高，子房3室、有茸毛，花柱长度1.4 cm，花柱裂位高；果实形状球形、肾形或三角形，果实大小3.2 cm×3.4 cm，果皮厚度0.2 cm；种子形状球形、半球形或不规则形，种径大小1.2 cm×1.5 cm，种皮色泽棕色或棕褐色，种子百粒重123.5 g；春茶一芽二叶烘青样水浸出物（WE）46.6 %、茶多酚（TP）25.3 %、氨基酸（AA）3.1 %、咖啡碱（C）2.6 %、儿茶素总量（TC）21.77 %、酚氨比值（TP/AA）8.2，适制普洱茶、红茶和绿茶。

113. 白沙茶厂大茶树

学名：*Camellia sinensis*（L.）O. Kuntze var. *assamica*（masters）Kitamura。位于云南省德宏傣族景颇族自治州芒市芒市镇云茂村委会白沙厂村民小组，海拔1952 m；树型小乔木型，树姿半开张，树高5.3 m，树幅4.8 m×5.1 m，最低分枝高0.6 m，基部干径1.2 m，分枝密度中；芽叶色泽绿色、芽叶茸毛数量中，叶片着生状态稍上斜，叶形长椭圆形，叶色绿色，叶片亮度发亮，平均叶片长宽11.5 cm×4.5 cm，叶面积36.2 cm^2，中叶，叶身稍背卷，叶面微隆，叶缘微波，叶基楔形，叶质中，叶尖圆尖，叶脉对数8对，叶齿锯齿形，叶齿密度中，叶齿深度中，叶齿锐度中，叶柄长0.6 cm、无茸毛，叶背主脉有茸毛；花萼5枚、有茸毛，花萼色泽淡绿色，花冠长宽3.9 cm×4.2 cm，花瓣7枚，花瓣色泽淡绿色，花瓣长宽2.4 cm×2.0 cm，花瓣质地中，柱头开裂数3裂，雌雄蕊相对高度等高，子房3室、有茸毛，花柱长度1.3 cm，花柱裂位高；果实形状球形、肾形或三角形，果实大小3.3 cm×3.5 cm，果皮厚度0.1 cm；种子形状球形、半球形或不规则形，种径大小1.3 cm×1.2 cm，种皮色泽棕色或褐色，种子百粒重133.6 g；春茶一芽二叶烘青样水浸出物（WE）42.4 %、茶多酚（TP）22.4 %、氨基酸（AA）2.9 %、咖啡碱（C）2.3 %、儿茶素总量（TC）24.78 %、酚氨比值（TP/AA）7.72，适制普洱茶和绿茶。

114. 河心场 1 号大茶树

学名：*Camellia sinensis*（L.）O. Kuntze var. *assamica*（masters）Kitamura。位于云南省德宏傣族景颇族自治州芒市芒市镇河心场村委会白坟村民小组，海拔1786 m；树型乔木型，树姿半开张，树高6.0 m，树幅5.5 m×4.6 m，最低分枝高0.8 m，基部干径1.1 m，分枝密度中；芽叶色泽黄绿色、芽叶茸毛数量中，叶片着生状态稍上斜，叶形长椭圆形，叶色黄绿色，叶片亮度发亮，平均叶片长宽13.9 cm×5.1 cm，叶面积49.6 cm^2，大叶，叶身稍背卷，叶面微隆，叶缘微波，叶基楔形，叶质中，叶尖渐尖，叶脉对数13对，叶齿锯齿形，叶齿密度中，叶齿深度中，叶齿锐度中，叶柄长0.6 cm、有茸毛，叶背主脉有茸毛；花萼5枚、有茸毛，花萼色泽绿色，花冠长宽3.8 cm×4.3 cm，花瓣6枚，花瓣色泽淡绿色，花瓣长宽2.9 cm×3.2 cm，花瓣质地中，柱头开裂数3裂，雌雄蕊相对高度雌蕊高，子房3室、有茸毛，花柱长度1.2 cm，花柱裂位高；果实形状球形、肾形或三角形，果实大小3.2 cm×3.4 cm，果皮厚度0.1 cm；种子形状球形、半球形、似肾形或不规则形，种径大小1.2 cm×1.4 cm，种皮色泽棕色或褐色，种子百粒重138.6 g；春茶一芽二叶烘青样水浸出物（WE）46.1 %、茶多酚（TP）27.1 %、氨基酸（AA）3.3 %、咖啡碱（C）3.1 %、儿茶素总量（TC）20.05 %、酚氨比值（TP/AA）8.21，适制普洱茶、红茶和绿茶。

115. 河心场2号大茶树

学名：*Camellia sinensis*（L.）O. Kuntze var. *assamica*（masters）Kitamura。位于云南省德宏傣族景颇族自治州芒市芒市镇河心场村委会白坟村民小组，海拔1795 m；树型乔木型，树姿直立，树高4.6 m，树幅4.5 m×4.0 m，最低分枝高1.0 m，基部干径1.1 m，分枝密度稀；芽叶色泽淡绿色、芽叶茸毛多，叶片着生状态稍上斜，叶形长椭圆形，叶色黄绿色，叶片亮度发亮，平均叶片长宽16.8 cm×6.8 cm，叶面积80.0 cm^2，特大叶，叶身平，叶面微隆，叶缘微波，叶基楔形，叶质中，叶尖圆尖，叶脉对数14对，叶齿锯齿形，叶齿密度中，叶齿深度中，叶齿锐度中，叶柄长0.8 cm、有茸毛，叶背主脉有茸毛；花萼5枚、有茸毛，花萼色泽绿色，花冠长宽4.2 cm×4.5 cm，花瓣7枚，花瓣色泽淡绿色，花瓣长宽2.7 cm×2.4 cm，花瓣质地薄，柱头开裂数3裂，雌雄蕊相对高度雌蕊低，子房3室、有茸毛，花柱长度0.9 cm，花柱裂位高；果实形状球形、肾形或三角形，果实大小3.2 cm×3.4 cm，果皮厚度0.1 cm；种子形状球形、半球形或不规则形，种径大小1.3 cm×1.2 cm，种皮色泽棕色或棕褐色，种子百粒重108.5 g；春茶一芽二叶烘青样水浸出物（WE）44.5%、茶多酚（TP）25.4%、氨基酸（AA）3.1%、咖啡碱（C）3.1%、儿茶素总量（TC）24.32%、酚氨比值（TP/AA）8.2，适制普洱茶、红茶和绿茶。

116. 崩龙坡大茶树

学名：*Camellia sinensis*（L.）O. Kuntze var. *assamica*（masters）Kitamura。位于云南省德宏傣族景颇族自治州芒市芒市镇河心场村委会崩龙坡村民小组，海拔1418 m；树型乔木型，树姿直立，树高4.8 m，树幅4.3 m×4.0 m，最低分枝高0.4 m，基部干径0.6 m，分枝密度稀；芽叶色泽淡绿色、芽叶茸毛多，叶片着生状态稍上斜，叶形长椭圆形，叶色淡绿色，叶片亮度发亮，平均叶片长宽14.9 cm×5.5 cm，叶面积57.4 cm^2，大叶，叶身背卷，叶面微隆，叶缘微波，叶基楔形，叶质中，叶尖急尖，叶脉对数12对，叶齿锯齿形，叶齿密度中，叶齿深度浅，叶齿锐度中，叶柄长0.7 cm、有茸毛，叶背主脉有茸毛；花萼5枚、有茸毛，花萼色泽绿色，花冠长宽4.2 cm×4.4 cm，花瓣7枚，花瓣色泽淡绿色，花瓣长宽2.3 cm×2.6 cm，花瓣质地薄，柱头开裂数3裂，雌雄蕊相对高度雌蕊高，子房3室、有茸毛，花柱长度1.3 cm，花柱裂位中；果实形状球形、肾形或三角形，果实大小3.3 cm×3.1 cm，果皮厚度0.1 cm；种子形状球形、半球形、似肾形或不规则形，种径大小1.4 cm×1.2 cm，种皮色泽棕色或棕褐色，种子百粒重128.6 g；春茶一芽二叶烘青样水浸出物（WE）44.5%、茶多酚（TP）26.8%、氨基酸（AA）2.1%、咖啡碱（C）1.9%、儿茶素总量（TC）24.18%、酚氨比值（TP/AA）12.8，适制普洱茶、红茶和绿茶。

117. 杨家场大茶树

学名：*Camellia sinensis*（L.）O. Kuntze var. *assamica*（masters）Kitamura。位于云南省德宏傣族景颇族自治州芒市勐戛镇杨家场村委会一组村民小组，海拔1903 m；树型乔木型，树姿半开张，树高6.8 m，树幅5.5 m×5.0 m，最低分枝高0.8 m，基部干径1.3 m，分枝密度稀；芽叶色泽黄绿色、芽叶茸毛多，叶片着生状态稍上斜，叶形长椭圆形，叶色深绿色，叶片亮度发亮，平均叶片长宽17.4 cm×6.9 cm，叶面积84.0 cm^2，特大叶，叶身内折，叶面微隆，叶缘微波，叶基楔形，叶质中，叶尖渐尖，叶脉对数19对，叶齿锯齿形，叶齿密度中，叶齿深度浅，叶齿锐度钝，叶柄长0.7 cm、有茸毛，叶背主脉有茸毛；花萼5枚、有茸毛，花萼色泽绿色，花冠长宽4.2 cm×4.5 cm，花瓣7枚，花瓣色泽淡绿色，花瓣长宽2.2 cm×2.5 cm，花瓣质地薄，柱头开裂数3裂，雌雄蕊相对高度雌蕊高，子房3室、有茸毛，花柱长度1.3 cm，花柱裂位中；果实形状球形或肾形，果实大小2.9 cm×3.2 cm，果皮厚度0.1 cm；种子形状球形、似肾形或不规则形，种径大小1.1 cm×1.3 cm，种皮色泽棕色或褐色，种子百粒重129.6 g；春茶一芽二叶烘青样水浸出物（WE）45.8 %、茶多酚（TP）22.4 %、氨基酸（AA）2.9 %、咖啡碱（C）2.3 %、儿茶素总量（TC）22.35 %、酚氨比值（TP/AA）7.72，适制普洱茶和绿茶。

118. 老寨大茶树

学名：*Camellia sinensis*（L.）O. Kuntze var. *assamica*（masters）Kitamura。位于云南省德宏傣族景颇族自治州芒市勐戛镇杨家场村委会老寨村民小组，海拔1849 m；树型乔木型，树姿半开张，树高8.6 m，树幅8.0 m×7.8 m，最低分枝高1.0 m，基部干径1.5 m，分枝密度稀；芽叶色泽黄绿色、芽叶茸毛数量中，叶片着生状态稍上斜，叶形长椭圆形，叶色黄绿色，叶片亮度发亮，平均叶片长宽15.6 cm×6.3 cm，叶面积68.8 cm^2，特大叶，叶身稍背卷，叶面微隆，叶缘微波，叶基楔形，叶质硬，叶尖渐尖，叶脉对数13对，叶齿锯齿形，叶齿密度密，叶齿深度中，叶齿锐度锐，叶柄长0.7 cm、有茸毛，叶背主脉有茸毛；花萼5枚、有茸毛，花萼色泽绿色，花冠长宽4.1 cm×4.4 cm，花瓣7枚，花瓣色泽淡绿色，花瓣长宽2.5 cm×2.1 cm，花瓣质地中，柱头开裂数3裂，雌雄蕊相对高度雌蕊高，子房3室、有茸毛，花柱长度1.3 cm，花柱裂位中；果实形状球形、肾形或三角形，果实大小3.2 cm×2.7 cm，果皮厚度0.1 cm；种子形状球形、半球形或不规则形，种径大小1.2 cm×1.4 cm，种皮色泽棕色或棕褐色，种子百粒重132.8 g；春茶一芽二叶烘青样水浸出物（WE）47.5%、茶多酚（TP）23.5%、氨基酸（AA）3.0%、咖啡碱（C）2.5%、儿茶素总量（TC）25.33%、酚氨比值（TP/AA）7.83，适制普洱茶和绿茶。

119. 三仙洞大茶树

学名：*Camellia sinensis*（L.）O. Kuntze var. *assamica*（masters）Kitamura。位于云南省德宏傣族景颇族自治州芒市勐戛镇三角岩村委会三仙洞村民小组，海拔1459 m；树型乔木型，树姿开张，树高6.2 m，树幅7.8 m×6.2 m，最低分枝高0.5 m，基部干径1.0 m，分枝密度稀；芽叶色泽黄绿色、芽叶茸毛多，叶片着生状态稍上斜，叶形长椭圆形，叶色黄绿色，叶片亮度发亮，平均叶片长宽13.9 cm×5.6 cm，叶面积54.5 cm^2，大叶，叶身稍背卷，叶面微隆，叶缘微波，叶基楔形，叶质中，叶尖渐尖，叶脉对数11对，叶齿锯齿形，叶齿密度密，叶齿深度中，叶齿锐度锐，叶柄长0.6 cm、有茸毛，叶背主脉有茸毛；花萼5枚、有茸毛，花萼色泽绿色，花冠长宽4.2 cm×3.8 cm，花瓣6枚，花瓣色泽淡绿色，花瓣长宽2.4 cm×2.1 cm，花瓣质地厚，柱头开裂数3裂，雌雄蕊相对高度雌蕊低，子房3室、有茸毛，花柱长度3.8 cm，花柱裂位中；果实形状球形、肾形或三角形，果实大小3.2 cm×2.8 cm，果皮厚度0.1 cm；种子形状球形、半球形、似肾形或不规则形，种径大小1.2 cm×1.4 cm，种皮色泽棕色或褐色，种子百粒重115.6 g；春茶一芽二叶烘青样水浸出物（WE）44.7 %、茶多酚（TP）23.8 %、氨基酸（AA）2.9 %、咖啡碱（C）2.1 %、儿茶素总量（TC）23.61 %、酚氨比值（TP/AA）8.21，适制普洱茶、红茶和绿茶。

120. 老茶厂大茶树

学名：*Camellia sinensis*（L.）O. Kuntze var. *assamica*（masters）Kitamura。位于云南省德宏傣族景颇族自治州芒市勐戛镇三角岩村委会三组村民小组（老茶厂旁），海拔1632 m；树型乔木型，树姿开张，树高4.8 m，树幅6.4 m×5.4 m，最低分枝高0.5 m，基部干径1.1 m，分枝密度稀；芽叶色泽淡绿色、芽叶茸毛多，叶片着生状态稍上斜，叶形长椭圆形，叶色淡绿色，叶片亮度发亮，平均叶片长宽11.9 cm×5.2 cm，叶面积43.3 cm^2，大叶，叶身稍背卷，叶面微隆，叶缘微波，叶基楔形，叶质中，叶尖渐尖，叶脉对数9对，叶齿锯齿形，叶齿密度密，叶齿深度浅，叶齿锐度锐，叶柄长0.6 cm、有茸毛，叶背主脉有茸毛；花萼5枚、有茸毛，花萼色泽绿色，花冠长宽4.1 cm×4.3 cm，花瓣7枚，花瓣色泽淡绿色，花瓣长宽2.3 cm×2.1 cm，花瓣质地厚，柱头开裂数3裂，雌雄蕊相对高度雌蕊高，子房3室、有茸毛，花柱长度1.3 cm，花柱裂位中；果实形状球形、肾形或三角形，果实大小3.3 cm×2.8 cm，果皮厚度0.1 cm；种子形状球形、似肾形或不规则形，种径大小1.2 cm×1.4 cm，种皮色泽棕色或棕褐色，种子百粒重108.6 g；春茶一芽二叶烘青样水浸出物（WE）45.5%、茶多酚（TP）21.9%、氨基酸（AA）2.8%、咖啡碱（C）2.4%、儿茶素总量（TC）23.56%、酚氨比值（TP/AA）7.82，适制普洱茶和绿茶。

121. 八家寨大茶树

学名：*Camellia sinensis*（L.）O. Kuntze var. *assamica*（masters）Kitamura。位于云南省德宏傣族景颇族自治州芒市勐戛镇三角岩村委会八家寨村民小组，海拔1808 m；树型小乔木型，树姿直立，树高3.8 m，树幅4.5 m×3.8 m，最低分枝高0.1 m，基部干径0.9 m，分枝密度稀；芽叶色泽绿色、芽叶茸毛数量中，叶片着生状态稍上斜，叶形长椭圆形，叶色绿色，叶片亮度发亮，平均叶片长宽17.3 cm×6.6 cm，叶面积79.9 cm^2，特大叶，叶身稍背卷，叶面微隆，叶缘微波，叶基楔形，叶质中，叶尖渐尖，叶脉对数11对，叶齿锯齿形，叶齿密度稀，叶齿深度中，叶齿锐度中，叶柄长0.5 cm、有茸毛，叶背主脉有茸毛；花萼5枚、有茸毛，花萼色泽绿色，花冠长宽3.9 cm×3.7 cm，花瓣7枚，花瓣色泽淡绿色，花瓣长宽2.2 cm×1.8 cm，花瓣质地中，柱头开裂数3裂，雌雄蕊相对高度雌蕊低，子房3室、有茸毛，花柱长度1.4 cm，花柱裂位中；果实形状球形、肾形或三角形，果实大小1.2 cm×1.4 cm，果皮厚度0.1 cm；种子形状球形、半球形或似肾形，种径大小1.3 cm×1.4 cm，种皮色泽棕色或褐色，种子百粒重128.6 g；春茶一芽二叶烘青样水浸出物（WE）44.9 %、茶多酚（TP）23.9 %、氨基酸（AA）2.1 %、咖啡碱（C）2.1 %、儿茶素总量（TC）20.90 %、酚氨比值（TP/AA）11.38，适制普洱茶、红茶和绿茶。

122. 从岗大茶树

学名：*Camellia sinensis*（L.）O. Kuntze var. *assamica*（masters）Kitamura。位于云南省德宏傣族景颇族自治州芒市勐戛镇三角岩村委会从岗村民小组，海拔1870 m；树型乔木型，树姿半开张，树高3.8 m，树幅3.2 m×2.9 m，最低分枝高0.6 m，基部干径0.8 m，分枝密度稀；芽叶色泽淡绿色、芽叶茸毛多，叶片着生状态稍上斜，叶形椭圆形，叶色淡绿色，叶片亮度不亮，平均叶片长宽21.7 cm×8.3 cm，叶面积126.1 cm^2，特大叶，叶身稍背卷，叶面微隆，叶缘波，叶基楔形，叶质中，叶尖渐尖，叶脉对数12对，叶齿锯齿形，叶齿密度稀，叶齿深度中，叶齿锐度中，叶柄长0.8 cm、有茸毛，叶背主脉有茸毛；花萼5枚、有茸毛，花萼色泽绿色，花冠长宽4.1 cm×3.8 cm，花瓣6枚，花瓣色泽白色，花瓣长宽2.4 cm×2.2 cm，花瓣质地中，柱头开裂数3裂，雌雄蕊相对高度雌蕊高，子房3室、有茸毛，花柱长度1.6 cm，花柱裂位高；果实形状球形、肾形或三角形，果实大小2.9 cm×3.2 cm，果皮厚度0.1 cm；种子形状球形、半球形、似肾形或不规则形，种径大小1.2 cm×1.3 cm，种皮色泽棕色或褐色，种子百粒重141.4 g；春茶一芽二叶烘青样水浸出物（WE）50.4 %、茶多酚（TP）24.8 %、氨基酸（AA）3.9 %、咖啡碱（C）3.8 %、儿茶素总量（TC）22.74 %、酚氨比值（TP/AA）6.36，适制普洱茶和绿茶。

123. 大竹坡 1 号大茶树

学名：*Camellia sinensis*（L.）O. Kuntze var. *assamica*（masters）Kitamura。位于云南省德宏傣族景颇族自治州芒市中山乡黄家寨大竹坡村民小组，海拔1731 m；树型乔木型，树姿半开张，树高7.5 m，树幅7.2 m×6.3 m，最低分枝高0.9 m，基部干径1.4 m，分枝密度中；芽叶色泽黄绿色、芽叶茸毛多，叶片着生状态稍上斜，叶形长椭圆形，叶色深绿色，叶片亮度发亮，平均叶片长宽15.4 cm×5.9 cm，叶面积63.6 cm^2，特大叶，叶身内折，叶面微隆，叶缘微波，叶基楔形，叶质柔软，叶尖渐尖，叶脉对数13对，叶齿锯齿形，叶齿密度密，叶齿深度中，叶齿锐度锐，叶柄长0.8 cm、有茸毛，叶背主脉有茸毛；花萼5枚、有茸毛，花萼色泽绿色，花冠长宽4.3 cm×4.1 cm，花瓣7枚，花瓣色泽淡绿色，花瓣长宽2.2 cm×2.5 cm，花瓣质地厚，柱头开裂数3裂或4裂，雌雄蕊相对高度等高，子房3室或4室、有茸毛，花柱长度1.3 cm，花柱裂位低；果实形状球形、肾形或三角形，果实大小3.4 cm×3.2 cm，果皮厚度0.1 cm；种子形状球形、半球形或不规则形，种径大小1.1 cm×1.3 cm，种皮色泽棕色或褐色，种子百粒重128.4 g；春茶一芽二叶烘青样水浸出物（WE）45.2 %、茶多酚（TP）26.3 %、氨基酸（AA）2.4 %、咖啡碱（C）2.1 %、儿茶素总量（TC）23.38 %、酚氨比值（TP/AA）11.0，适制普洱茶、红茶和绿茶。

124. 大竹坡2号大茶树

学名：*Camellia sinensis*（L.）O. Kuntze var. *assamica*（masters）Kitamura。位于云南省德宏傣族景颇族自治州芒市中山乡黄家寨大竹坡村民小组，海拔1745 m；树型乔木型，树姿开张，树高7.0 m，树幅6.9 m×6.0 m，最低分枝高0.1 m，基部干径1.5 m，分枝密度稀；芽叶色泽黄绿色、芽叶茸毛多，叶片着生状态稍上斜，叶形长椭圆形，叶色黄绿色，叶片亮度发亮，平均叶片长宽16.3 cm×6.4 cm，叶面积73.0 cm^2，特大叶，叶身内折，叶面隆起，叶缘微波，叶基楔形，叶质中，叶尖急尖，叶脉对数15对，叶齿锯齿形，叶齿密度密，叶齿深度中，叶齿锐度锐，叶柄长0.7 cm、有茸毛，叶背主脉有茸毛；花萼5枚、有茸毛，花萼色泽绿色，花冠长宽4.4 cm×3.9 cm，花瓣8枚，花瓣色泽白色，花瓣长宽2.0 cm×2.3 cm，花瓣质地薄，柱头开裂数3裂，雌雄蕊相对高度雌蕊高，子房3室、有茸毛，花柱长度1.4 cm，花柱裂位高；果实形状球形、肾形或三角形，果实大小3.3 cm×3.4 cm，果皮厚度0.2 cm；种子形状球形、半球形、似肾形或不规则形，种径大小1.3 cm×1.2 cm，种皮色泽棕色或褐色，种子百粒重116.8 g；春茶一芽二叶烘青样水浸出物（WE）43.3 %、茶多酚（TP）20.2 %、氨基酸（AA）3.2 %、咖啡碱（C）2.1 %、儿茶素总量（TC）16.74 %、酚氨比值（TP/AA）6.31，适制普洱茶和绿茶。

125. 官寨大茶树

学名：*Camellia sinensis*（L.）O. Kuntze var. *assamica*（masters）Kitamura。位于云南省德宏傣族景颇族自治州芒市中山乡黄家寨村委会官寨村民小组，海拔1598 m；树型乔木型，树姿半开张，树高3.8 m，树幅7.2 m×6.9 m，最低分枝高0.2 m，基部干径1.1 m，分枝密度密；芽叶色泽黄绿色、芽叶茸毛多，叶片着生状态稍上斜，叶形长椭圆形，叶色深绿色，叶片亮度发亮，平均叶片长宽14.6 cm×5.6 cm，叶面积57.2 cm^2，大叶，叶身平，叶面微隆，叶缘平，叶基楔形，叶质中，叶尖渐尖，叶脉对数12对，叶齿锯齿形，叶齿密度中，叶齿深度中，叶齿锐度锐，叶柄长0.7 cm、有茸毛，叶背主脉有茸毛；花萼5枚、有茸毛，花萼色泽绿色，花冠长宽4.0 cm×3.6 cm，花瓣6枚，花瓣色泽白色，花瓣长宽2.3 cm×1.8 cm，花瓣质地厚，柱头开裂数3裂，雌雄蕊相对高度雌蕊高，子房3室、有茸毛，花柱长度1.3 cm，花柱裂位低；果实形状球形、肾形或三角形，果实大小3.2 cm×3.4 cm，果皮厚度0.2 cm；种子形状球形、半球形或似肾形，种径大小1.3 cm×1.5 cm，种皮色泽棕色或棕褐色，种子百粒重135.6 g；春茶一芽二叶烘青样水浸出物（WE）45.6%、茶多酚（TP）24.1%、氨基酸（AA）2.3%、咖啡碱（C）2.0%、儿茶素总量（TC）18.39%、酚氨比值（TP/AA）10.48，适制普洱茶、红茶和绿茶。

126. 德昂3号古茶树

学名：*Camellia taliensis*（W. W. Smith）melchior。位于云南省保山市隆阳区潞江镇邦陇村德昂寨，海拔1974 m；树型乔木型，树姿直立，树高5.2 m，树幅2.2 m×2.2 m，最低分枝高0.6 m，基部干径0.4 m，分枝密度稀；芽叶色泽紫绿色、芽叶茸毛少，叶片着生状态稍上斜，叶形椭圆形，叶色深绿色，叶片亮度发亮，平均叶片长宽11.2 cm×4.9 cm，叶面积38.4 cm^2，中叶，叶身内折，叶面平，叶缘平，叶基楔形，叶质硬，叶尖急尖，叶脉对数7对，叶齿锯齿形，叶齿密度稀，叶齿深度中，叶齿锐度锐，叶柄长1.1 cm、无茸毛，叶背主脉茸毛少；花萼5枚、无茸毛，花萼色泽绿色，花冠长宽5.0 cm×4.6 cm，花瓣12枚，花瓣色泽白色，花瓣长宽2.6 cm×2.0 cm，花瓣质地中，柱头开裂数5裂，雌雄蕊相对高度等高，子房5室、有茸毛，花柱长度2.0 cm，花柱裂位低；果实形状梅花形，果实大小4.1 cm×2.1 cm，果皮厚度0.2 cm；种子形状球形、半球形或不规则形，种径大小1.8 cm×1.3 cm，种皮色泽棕褐色；春茶一芽二叶烘青样水浸出物（WE）45.55%、茶多酚（TP）25.50%、氨基酸（AA）3.67%、咖啡碱（C）3.05%、儿茶素总量（TC）16.22%、酚氨比值（TP/AA）6.95，适制普洱茶和绿茶。

127. 杨桥古茶树

学名：*Camellia taliensis*（W. W. Smith）melchior。位于云南省保山市隆阳区芒宽乡百花岭村杨桥，海拔2212 m；树型乔木型，树姿开张，树高6.8 m，树幅6.4 m×5.2 m，最低分枝高0.3 m，基部干径0.4 m，分枝密度密；芽叶色泽绿色、芽叶茸毛少，叶片着生状态稍上斜，叶形椭圆形，叶色深绿色，叶片亮度发亮，平均叶片长宽13.4 cm×5.5 cm，叶面积51.6 cm^2，大叶，叶身平，叶面微隆，叶缘平，叶基楔形，叶质中，叶尖急尖，叶脉对数9对，叶齿锯齿形，叶齿密度密，叶齿深度深，叶齿锐度中，叶柄长1.2 cm、无茸毛，叶背主脉无茸毛；花萼5枚、有茸毛，花萼色泽绿色，花冠长宽5.5 cm×4.1 cm，花瓣12枚，花瓣色泽白色，花瓣长宽2.2 cm×1.1 cm，花瓣质地中，柱头开裂数4裂或5裂，雌雄蕊相对高度等高，子房4室或5室、有茸毛，花柱长度2.0 cm，花柱裂位低；果实形状四方形或梅花形，果实大小2.1 cm×1.6 cm，果皮厚度0.2 cm；种子形状球形、半球形或不规则形，种径大小1.4 cm×1.1 cm，种皮色泽棕褐色；春茶一芽二叶烘青样水浸出物（WE）46.08 %、茶多酚（TP）17.53 %、氨基酸（AA）5.06 %、咖啡碱（C）3.21 %、儿茶素总量（TC）16.23 %、酚氨比值（TP/AA）3.46，适制普洱茶和绿茶。

128. 土厩1号古茶树

学名：*Camellia taliensis*（W. W. Smith）melchior。位于云南省保山市腾冲市芒棒镇红豆树村，海拔2004 m；树型乔木型，树姿直立，树高10.8 m，树幅5.0 m×4.8 m，最低分枝高0.7 m，基部干径0.4 m，分枝密度中；芽叶色泽绿色、芽叶茸毛少，叶片着生状态水平，叶形长椭圆形，叶色深绿色，叶片亮度发亮，平均叶片长宽14.8 cm×5.8 cm，叶面积60.1 cm^2，特大叶，叶身内折，叶面微隆，叶缘微波，叶基楔形，叶质中，叶尖渐尖，叶脉对数13对，叶齿锯齿形，叶齿密度密，叶齿深度深，叶齿锐度锐，叶柄长1.1 cm、无茸毛，叶背主脉无茸毛；花萼5枚、无茸毛，花萼色泽绿色，花冠长宽2.8 cm×4.2 cm，花瓣15枚，花瓣色泽白色，花瓣长宽2.0 cm×1.4 cm，花瓣质地中，柱头开裂数4裂或5裂，雌雄蕊相对高度雌蕊高，子房4室或5室、有茸毛，花柱长度1.3 cm，花柱裂位低；果实形状四方形或梅花形，果实大小2.9 cm×3.0 cm，果皮厚度0.2 cm；种子形状球形或不规则形，种径大小1.5 cm×1.3 cm，种皮色泽棕褐色；春茶一芽二叶烘青样水浸出物（WE）50.40%、茶多酚（TP）20.08%、氨基酸（AA）3.42%、咖啡碱（C）2.59%、儿茶素总量（TC）15.35%、酚氨比值（TP/AA）5.87，适制普洱茶和绿茶。

129. 猴桥村 1 号古茶树

学名：*Camellia taliensis*（W. W. Smith）melchior。位于云南省保山市腾冲市猴桥镇猴桥村，海拔1998 m；树型乔木型，树姿直立，树高14.6 m，树幅4.1 m×3.4 m，最低分枝高4.1 m，基部干径0.5 m，分枝密度稀；芽叶色泽紫绿色、芽叶无茸毛，叶片着生状态稍上斜，叶形长椭圆形，叶色深绿色，叶片亮度发亮，平均叶片长宽16.8 cm×6.8 cm，叶面积80.0 cm^2，特大叶，叶身平，叶面微隆，叶缘微波，叶基楔形，叶质硬，叶尖急尖，叶脉对数12对，叶齿锯齿形，叶齿密度中，叶齿深度浅，叶齿锐度钝，叶柄长1.1 cm、无茸毛，叶背主脉无茸毛；花萼3枚、无茸毛，花萼色泽紫绿色，花冠长宽3.7 cm×3.0 cm，花瓣7枚，花瓣色泽淡绿色，花瓣长宽1.6 cm×2.2 cm，花瓣质地中，柱头开裂数3裂，雌雄蕊相对高度雌蕊低，子房3室、无茸毛，花柱长度1.2 cm，花柱裂位低；果实形状肾形、三角形或四方形，果实大小3.5 cm×2.5 cm，果皮厚度0.2 cm；种子形状球形、半球形或不规则形，种径大小1.2 cm×1.6 cm，种皮色泽褐色；春茶一芽二叶烘青样水浸出物（WE）47.61 %、茶多酚（TP）17.20 %、氨基酸（AA）4.97 %、咖啡碱（C）2.82 %、儿茶素总量（TC）11.2 %、酚氨比值（TP/AA）3.46，适制普洱茶和绿茶。

130. 猴桥村 2 号古茶树

学名：*Camellia taliensis*（W. W. Smith）melchior。位于云南省保山市腾冲市猴桥镇猴桥村，海拔2034 m；树型乔木型，树姿直立，树高10.8 m，树幅4.7 m×4.4 m，最低分枝高1.5 m，基部干径0.4 m，分枝密度中；芽叶色泽紫绿色、芽叶茸毛少，叶片着生状态稍上斜，叶形长椭圆形、叶色深绿色，叶片亮度发亮，平均叶片长宽12.4 cm×5.6 cm，叶面积48.6 cm^2，大叶，叶身平，叶面微隆，叶缘微波，叶基楔形，叶质硬，叶尖急尖，叶脉对数9~10对，叶齿锯齿形，叶齿密度中，叶齿深度深，叶齿锐度锐，叶柄长1.3 cm、无茸毛，叶背主脉无茸毛；花萼3枚、无茸毛，花萼色泽紫绿色，花冠长宽3.7 cm×3.0 cm，花瓣7枚，花瓣色泽淡绿色，花瓣长宽1.6 cm×2.2 cm、花瓣质地中，柱头开裂数3裂，雌雄蕊相对高度雌蕊低，子房3室、无茸毛，花柱长度1.2 cm，花柱裂位低；果实形状四方形或梅花形，果实大小3.5 cm×2.5 cm，果皮厚度0.3 cm；种子形状球形、半球形或不规则形，种径大小1.2 cm×1.1 cm，种皮色泽褐色；春茶一芽二叶烘青样水浸出物（WE）46.20%、茶多酚（TP）21.93%、氨基酸（AA）5.06%、咖啡碱（C）3.55%、儿茶素总量（TC）12.46%、酚氨比值（TP/AA）4.33，适制普洱茶和绿茶。

131. 三台山古茶树

学名：*Camellia taliensis*（W. W. Smith）melchior。位于云南省保山市龙陵县龙江乡三台山村三台山组，海拔1869 m；树型乔木型，树姿开张，树高8.9 m，树幅7.1 m×6.1 m，最低分枝高0.3 m，基部干径0.7 m，分枝密度密；芽叶色泽黄绿色、芽叶无茸毛，叶片着生状态水平，叶形椭圆形，叶色黄绿色，叶片亮度发亮，平均叶片长宽9.0 cm×4.1 cm，叶面积25.8 cm^2，中叶，叶身背卷，叶面隆起，叶缘微波，叶基楔形，叶质中，叶尖钝尖，叶脉对数8对，叶齿锯齿形，叶齿密度密，叶齿深度中，叶齿锐度锐，叶柄长1.3 cm、无茸毛，叶背主脉无茸毛；花萼6枚、无茸毛，花萼色泽绿色，花冠长宽4.8 cm×4.2 cm，花瓣12枚，花瓣色泽淡绿色，花瓣长宽2.8 cm×2.1 cm，花瓣质地中，柱头开裂数4裂或5裂，雌雄蕊相对高度雌蕊低，子房4室或5室、有茸毛，花柱长度1.6 cm，花柱裂位低；果实形状四方形或梅花形，果实大小1.6 cm×1.3 cm，果皮厚度0.2 cm；种子形状球形、半球形或不规则形，种径大小1.8 cm×1.4 cm，种皮色泽褐色；春茶一芽二叶烘青样水浸出物（WE）50.22 %、茶多酚（TP）16.04 %、氨基酸（AA）2.87 %、咖啡碱（C）3.08 %、儿茶素总量（TC）14.74 %、酚氨比值（TP/AA）5.59，适制普洱茶和绿茶。

132. 硝塘古茶树

学名：*Camellia taliensis*（W. W. Smith）melchior。位于云南省保山市龙陵县龙江乡硝塘村高楼子组，海拔2069 m；树型乔木型，树姿开张，树高11.5 m，树幅5.5 m×4.5 m，最低分枝高0.6 m，基部干径0.6 m，分枝密度中；芽叶色泽黄绿色、芽叶无茸毛，叶片着生状态稍上斜，叶形椭圆形、叶色黄绿色，叶片亮度发亮，平均叶片长宽12.1 cm×5.0 cm，叶面积42.4 cm^2，大叶，叶身背卷，叶面微隆，叶缘微波，叶基楔形，叶质中，叶尖钝尖，叶脉对数12对，叶齿锯齿形，叶齿密度密，叶齿深度深，叶齿锐度中，叶柄长1.1 cm、无茸毛，叶背主脉无茸毛；花萼5枚、有茸毛，花萼色泽绿色，花冠长宽5.8 cm×4.9 cm，花瓣12枚，花瓣色泽白色，花瓣长宽3.1 cm×2.9 cm，花瓣质地中，柱头开裂数5裂，雌雄蕊相对高度雌蕊低，子房5室、有茸毛，花柱长度1.6 cm，花柱裂位低；果实形状梅花形，果实大小3.8 cm×2.5 cm，果皮厚度0.2 cm；种子形状球形或不规则形，种径大小1.4 cm×1.0 cm，种皮色泽褐色；春茶一芽二叶烘青样水浸出物（WE）42.79 %、茶多酚（TP）15.71 %、氨基酸（AA）6.44 %、咖啡碱（C）3.08 %、儿茶素总量（TC）14.66 %、酚氨比值（TP/AA）2.44，适制普洱茶和绿茶。

133. 镇北古茶树

学名：*Camellia taliensis*（W. W. Smith）melchior。位于云南省保山市龙陵县镇安镇镇北村张家寨下组范家坡，海拔1808 m；树型乔木型，树姿开张，树高7.5 m，树幅5.2 m×4.8 m，最低分枝高1.7 m，基部干径0.8 m，分枝密度中；芽叶色泽黄绿色、芽叶无茸毛，叶片着生状态上斜，叶形椭圆形，叶色深绿色，叶片亮度发亮，平均叶片长宽13.9 cm×5.8 cm，叶面积56.4 cm^2，大叶，叶身背卷，叶面微隆，叶缘微波，叶基近圆形，叶质中，叶尖钝尖，叶脉对数13对，叶齿锯齿形，叶齿密度中，叶齿深度深，叶齿锐度中，叶柄长1.1 cm、无茸毛，叶背主脉无茸毛；花萼5枚、有茸毛，花萼色泽绿色，花冠长宽5.8 cm×4.4 cm，花瓣12枚，花瓣色泽白色，花瓣长宽3.8 cm×2.9 cm，花瓣质地中，柱头开裂数5裂，雌雄蕊相对高度雌蕊高，子房5室、有茸毛，花柱长度2.0 cm，花柱裂位低；果实形状球形、四方形或梅花形，果实大小3.6 cm×2.2 cm，果皮厚度0.2 cm；种子形状球形或不规则形，种径大小1.3 cm×1.2 cm，种皮色泽褐色；春茶一芽二叶烘青样水浸出物（WE）47.97%、茶多酚（TP）22.71%、氨基酸（AA）4.38%、咖啡碱（C）3.46%、儿茶素总量（TC）15.08%，酚氨比值（TP/AA）5.18，适制普洱茶和绿茶。

134. 镇东古茶树

学名：*Camellia taliensis*（W. W. Smith） melchior。位于云南省保山市龙陵县镇安镇镇东村毛草地组园子山，海拔2040 m；树型乔木型，树姿开张，树高9.4 m，树幅5.2 m×4.8 m，最低分枝高1.1 m，基部干径0.8 m，分枝密度中；芽叶色泽黄绿色、芽叶无茸毛，叶片着生状态稍上斜，叶形椭圆形，叶色黄绿色，叶片亮度不亮，平均叶片长宽11.0 cm×4.6 cm，叶面积35.4 cm^2，中叶，叶身背卷，叶面隆起，叶缘波，叶基楔形，叶质中，叶尖钝尖，叶脉对数11对，叶齿锯齿形，叶齿密度中，叶齿深度中，叶齿锐度钝，叶柄长1.3 cm、无茸毛，叶背主脉无茸毛；花萼5枚、有茸毛，花萼色泽绿色，花冠长宽4.0 cm×3.5 cm，花瓣11枚，花瓣色泽白色，花瓣长宽2.3 cm×1.7 cm，花瓣质地薄，柱头开裂数5裂，雌雄蕊相对高度雌蕊高，子房5室、有茸毛，花柱长度1.5 cm，花柱裂位低；果实形状球形、肾形、四方形或梅花形，果实大小3.4 cm×3.2 cm，果皮厚度0.1 cm；种子形状球形、半球形、似肾形或不规则形，种径大小1.8 cm×1.6 cm，种皮色泽褐色；春茶一芽二叶烘青样水浸出物（WE）48.62%、茶多酚（TP）36.87%、氨基酸（AA）5.29%、咖啡碱（C）3.41%、儿茶素总量（TC）20.97%、酚氨比值（TP/AA）6.97，适制普洱茶和绿茶。

135. 大水沟古茶树

学名：*Camellia taliensis*（W. W. Smith）melchior。位于云南省保山市龙陵县镇安镇大水沟村寨子头窝子园，海拔1920 m；树型乔木型，树姿开张，树高8.6 m，树幅5.3 m×4.6 m，最低分枝高1.1 m，基部干径0.8 m，分枝密度中；芽叶色泽黄绿色、芽叶无茸毛，叶片着生状态稍上斜，叶形椭圆形，叶色黄绿色，叶片亮度发亮，平均叶片长宽10.1 cm×4.1 cm，叶面积29.0 cm^2，中叶，叶身背卷，叶面隆起，叶缘波，叶基楔形，叶质中，叶尖钝尖，叶脉对数9对，叶齿锯齿形，叶齿密度密，叶齿深度中，叶齿锐度锐，叶柄长1.4 cm、无茸毛，叶背主脉无茸毛；花萼5枚、无茸毛，花萼色泽绿色，花冠长宽3.7 cm×3.2 cm，花瓣15枚，花瓣色泽白色，花瓣长宽1.9 cm×1.1 cm，花瓣质地中，柱头开裂数5裂，雌雄蕊相对高度雌蕊高，子房5室、无茸毛，花柱长度1.7 cm，花柱裂位中；果实形状梅花形，果实大小1.9 cm×1.6 cm，果皮厚度0.2 cm；种子形状球形、半球形或不规则形，种径大小1.6 cm×1.4 cm，种皮色泽褐色；春茶一芽二叶烘青样水浸出物（WE）46.74%、茶多酚（TP）17.65%、氨基酸（AA）4.26%、咖啡碱（C）3.63%、儿茶素总量（TC）20.76%、酚氨比值（TP/AA）4.14，适制普洱茶和绿茶。

136. 淘金河古茶树

学名：*Camellia taliensis*（W. W. Smith）melchior。位于云南省保山市龙陵县镇安镇淘金河村赵家寨组，海拔2056 m；树型乔木型，树姿开张，树高10.2 m，树幅4.9 m×4.6 m，最低分枝高1.2 m，基部干径0.8 m，分枝密度中；芽叶色泽黄绿色、芽叶无茸毛，叶片着生状态稍上斜，叶形椭圆形，叶色黄绿色，叶片亮度发亮，平均叶片长宽13.0 cm×4.7 cm，叶面积42.8 cm^2，大叶，叶身背卷，叶面隆起，叶缘波，叶基楔形，叶质中，叶尖钝尖，叶脉对数10对，叶齿锯齿形，叶齿密度中，叶齿深度深，叶齿锐度中，叶柄长1.1 cm、无茸毛，叶背主脉无茸毛；花萼5枚、无茸毛，花萼色泽紫绿色，花冠长宽3.7 cm×2.9 cm，花瓣15枚，花瓣色泽白色，花瓣长宽1.9 cm×1.1 cm，花瓣质地中，柱头开裂数5裂，雌雄蕊相对高度等高，子房5室、无茸毛，花柱长度1.7 cm，花柱裂位中；果实形状梅花形，果实大小1.9 cm×1.6 cm，果皮厚度0.2 cm；种子形状球形、半球形或不规则形，种径大小2.4 cm×1.9 cm，种皮色泽棕褐色；春茶一芽二叶烘青样水浸出物（WE）45.75%、茶多酚（TP）20.70%、氨基酸（AA）3.62%、咖啡碱（C）3.47%、儿茶素总量（TC）14.54%、酚氨比值（TP/AA）5.72，适制普洱茶和绿茶。

137. 小田坝7号古茶树

学名：*Camellia taliensis*（W. W. Smith）melchior。位于云南省保山市龙陵县镇安镇小田坝村大坪子社，海拔2040 m；树型乔木型，树姿开张，树高10.3 m，树幅6.3 m×5.3 m，最低分枝高0.6 m，基部干径0.8 m，分枝密度中；芽叶色泽黄绿色、芽叶茸毛少，叶片着生状态稍上斜，叶形椭圆形，叶色黄绿色，叶片亮度不亮，平均叶片长宽12.2 cm×5.3 cm，叶面积45.3 cm^2，大叶，叶身背卷，叶面隆起，叶缘波，叶基楔形，叶质中，叶尖钝尖，叶脉对数10对，叶齿锯齿形，叶齿密度中，叶齿深度浅，叶齿锐度钝，叶柄长1.5 cm、无茸毛，叶背主脉无茸毛；花萼5枚、有茸毛，花萼色泽绿色，花冠长宽4.8 cm×4.3 cm，花瓣13枚，花瓣色泽白色，花瓣长宽2.7 cm×1.9 cm，花瓣质地中，柱头开裂数5裂，雌雄蕊相对高度雌蕊高，子房5室、有茸毛，花柱长度1.5 cm，花柱裂位低；果实形状四方形或梅花形，果实大小4.1 cm×2.3 cm，果皮厚度0.2 cm；种子形状球形、半球形或不规则形，种径大小1.5 cm×1.2 cm，种皮色泽褐色；春茶一芽二叶烘青样水浸出物（WE）47.74%、茶多酚（TP）19.13%、氨基酸（AA）4.59%、咖啡碱（C）4.1%、儿茶素总量（TC）17.40%、酚氨比值（TP/AA）4.17，适制普洱茶和绿茶。

138. 中岭岗古茶树

学名：*Camellia taliensis*（W. W. Smith）melchior。位于云南省保山市龙陵县腊勐镇中岭岗村陈家寨，海拔2145 m；树型乔木型，树姿开张，树高12.9 m，树幅5.9 m×5.8 m，最低分枝高0.2 m，基部干径0.6 m，分枝密度密；芽叶色泽黄绿色、芽叶茸毛少，叶片着生状态稍上斜，叶形椭圆形，叶色黄绿色，叶片亮度不亮，平均叶片长宽12.6 cm×5.0 cm，叶面积44.1 cm^2，大叶，叶身背卷，叶面隆起，叶缘波，叶基楔形，叶质中，叶尖钝尖，叶脉对数13对，叶齿锯齿形，叶齿密度密，叶齿深度中，叶齿锐度锐，叶柄长1.3 cm、无茸毛，叶背主脉无茸毛；花萼5枚、有茸毛，花萼色泽绿色，花冠长宽5.8 cm×5.2 cm，花瓣12枚，花瓣色泽白色，花瓣长宽3.0 cm×2.8 cm，花瓣质地中，柱头开裂数5裂，雌雄蕊相对高度等高，子房5室、有茸毛，花柱长度2.0 cm，花柱裂位低；果实形状球形、四方形或梅花形，果实大小3.8 cm×2.5 cm，果皮厚度0.2 cm；种子形状球形、半球形或不规则形，种径大小1.8 cm×1.6 cm，种皮色泽褐色；春茶一芽二叶烘青样水浸出物（WE）48.21％、茶多酚（TP）23.53％、氨基酸（AA）3.85％、咖啡碱（C）2.15％、儿茶素总量（TC）18.74％、酚氨比值（TP/AA）6.11，适制普洱茶和绿茶。

139. 大垭口古茶树

学名：*Camellia taliensis*（W. W. Smith）melchior。位于云南省保山市龙陵县腊勐镇大垭口村大垭口小组，海拔1862 m；树型乔木型，树姿开张，树高5.7 m，树幅4.3 m×2.1 m，最低分枝高1.4 m，基部干径0.4 m，分枝密度稀；芽叶色泽黄绿色、芽叶无茸毛，叶片着生状态稍上斜，叶形椭圆形，叶色黄绿色，叶片亮度不亮，平均叶片长宽12.5 cm×5.6 cm，叶面积49.0 cm^2，大叶，叶身背卷，叶面隆起，叶缘波，叶基楔形，叶质中，叶尖钝尖，叶脉对数10对，叶齿锯齿形，叶齿密度密，叶齿深度中，叶齿锐度锐，叶柄长1.2 cm、无茸毛，叶背主脉无茸毛；花萼5枚、有茸毛，花萼色泽绿色，花冠长宽4.8 cm×4.3 cm，花瓣12枚，花瓣色泽白色，花瓣长宽2.8 cm×2.1 cm，花瓣质地中，柱头开裂数5裂，雌雄蕊相对高度等高，子房5室、有茸毛，花柱长度1.7 cm，花柱裂位低；果实形状四方形或梅花形，果实大小4.2 cm×2.3 cm，果皮厚度0.2 cm；种子形状球形、半球形或不规则形，种径大小1.5 cm×1.4 cm，种皮色泽褐色；春茶一芽二叶烘青样水浸出物（WE）52.19％、茶多酚（TP）18.92％、氨基酸（AA）3.61％、咖啡碱（C）4.12％、儿茶素总量（TC）12.86％、酚氨比值（TP/AA）5.24，适制普洱茶和绿茶。

140. 小立色10号古茶树

学名：*Camellia taliensis*（W. W. Smith）melchior。位于云南省保山市龙陵县腊勐镇大垭口村小立色组，海拔1946 m；树型乔木型，树姿开张，树高13.4 m，树幅7.1 m×6.8 m，最低分枝高1.4 m，基部干径0.9 m，分枝密度密；芽叶色泽黄绿色、芽叶无茸毛，叶片着生状态稍上斜，叶形椭圆形，叶色黄绿色，叶片亮度不亮，平均叶片长宽11.7 cm×4.3 cm，叶面积35.2 cm^2，中叶，叶身背卷，叶面隆起，叶缘波，叶基楔形，叶质中，叶尖钝尖，叶脉对数10对，叶齿锯齿形，叶齿密度密，叶齿深度中，叶齿锐度中，叶柄长0.9 cm、无茸毛，叶背主脉无茸毛；花萼5枚、无茸毛，花萼色泽绿色，花冠长宽3.7 cm×3.5 cm，花瓣15枚，花瓣色泽白色，花瓣长宽1.8 cm×1.0 cm，花瓣质地中，柱头开裂数5裂，雌雄蕊相对高度雌蕊高，子房5室、无茸毛，花柱长度1.8 cm，花柱裂位中；果实形状球形、四方形或梅花形，果实大小1.9 cm×1.7 cm，果皮厚度0.2 cm；种子形状球形、半球形或不规则形，种径大小1.6 cm×1.5 cm，种皮色泽棕褐色；春茶一芽二叶烘青样水浸出物（WE）44.86%、茶多酚（TP）22.07%、氨基酸（AA）5.44%、咖啡碱（C）2.97%、儿茶素总量（TC）10.06%，酚氨比值（TP/AA）4.06，适制普洱茶和绿茶。

141. 雪山11号古茶树

学名：*Camellia taliensis*（W. W. Smith）melchior。位于云南省保山市龙陵县龙新乡雪山村，海拔1980 m；树型乔木型，树姿开张，树高9.1 m，树幅3.5 m×3.2 m，最低分枝高1.6 m，基部干径0.7 m，分枝密度稀；芽叶色泽黄绿色、芽叶无茸毛，叶片着生状态稍上斜，叶形近圆形，叶色黄绿色，叶片亮度发亮，平均叶片长宽10.7 cm×5.4 cm，叶面积40.4 cm^2，大叶，叶身背卷，叶面隆起，叶缘波，叶基楔形，叶质中，叶尖钝尖，叶脉对数11对，叶齿锯齿形，叶齿密度密，叶齿深度中，叶齿锐度锐，叶柄长1.2 cm、无茸毛，叶背主脉无茸毛；花萼5枚、无茸毛，花萼色泽绿色，花冠长宽4.5 cm×3.8 cm，花瓣11枚，花瓣色泽白色，花瓣长宽2.4 cm×1.7 cm，花瓣质地中，柱头开裂数5裂，雌雄蕊相对高度雌蕊低，子房5室、无茸毛，花柱长度1.6 cm，花柱裂位低；果实形状球形、四方形或梅花形，果实大小1.6 cm×1.3 cm，果皮厚度0.2 cm；种子形状球形、半球形或不规则形，种径大小1.7 cm×1.6 cm，种皮色泽褐色；春茶一芽二叶烘青样水浸出物（WE）42.79 %、茶多酚（TP）15.28 %、氨基酸（AA）5.44 %、咖啡碱（C）3.08 %、儿茶素总量（TC）14.66 %、酚氨比值（TP/AA）2.81，适制普洱茶和绿茶。

142. 菜子地古茶树

学名：*Camellia taliensis*×*C.sinensis*。位于云南省保山市龙陵县龙新乡菜子地村，海拔2080 m；树型乔木型，树姿开张，树高9.2 m，树幅6.8 m×5.5 m，最低分枝高1.0 m，基部干径0.9 m，分枝密度密；芽叶色泽黄绿色、芽叶无茸毛，叶片着生状态稍上斜，叶形椭圆形，叶色黄绿色，叶片亮度发亮，平均叶片长宽12.8 cm×5.4 cm，叶面积48.4 cm^2，大叶，叶身背卷，叶面隆起，叶缘波，叶基楔形，叶质中，叶尖钝尖，叶脉对数11对，叶齿锯齿形，叶齿密度密，叶齿深度深，叶齿锐度中，叶柄长1.3 cm、无茸毛，叶背主脉无茸毛；花萼5枚、有茸毛，花萼色泽绿色，花冠长宽3.9 cm×3.6 cm，花瓣11枚，花瓣色泽白色，花瓣长宽2.4 cm×1.7 cm，花瓣质地薄，柱头开裂数5裂，雌雄蕊相对高度雌蕊高，子房5室、有茸毛，花柱长度1.6 cm，花柱裂位低；果实形状球形、四方形或梅花形，果实大小3.5 cm×3.1 cm，果皮厚度0.1 cm；种子形状球形、半球形或不规则形，种径大小1.6 cm×1.3 cm，种皮色泽褐色；春茶一芽二叶烘青样水浸出物（WE）49.54％、茶多酚（TP）13.39％、氨基酸（AA）3.82％、咖啡碱（C）3.85％、儿茶素总量（TC）12.40％、酚氨比值（TP/AA）3.51，适制普洱茶和绿茶。

143. 茶山河2号古茶树

学名：*Camellia taliensis*（W. W. Smith）melchior。位于云南省保山市昌宁县漭水镇沿江村茶山河村民小组，海拔2380 m；树型乔木型，树姿半开张，树高8.6 m，树幅5.0 m×5.0 m，最低分枝高0.5 m，基部干径0.8 m，分枝密度密；芽叶色泽黄绿色、芽叶无茸毛，叶片着生状态稍上斜，叶形椭圆形，叶色黄绿色，叶片亮度不亮，平均叶片长宽12.7 cm×5.5 cm，叶面积49.0 cm^2，大叶，叶身内折，叶面平，叶缘微波，叶基楔形，叶质中，叶尖渐尖，叶脉对数8~11对，叶齿锯齿形，叶齿密度密，叶齿深度深，叶齿锐度中，叶柄长1.2 cm、无茸毛，叶背主脉无茸毛；花萼5枚、无茸毛，花萼色泽绿色，花冠长宽4.3 cm×4.1 cm，花瓣6~7枚，花瓣色泽白色，花瓣长宽1.6 cm×1.3 cm，花瓣质地中，柱头开裂数5裂，雌雄蕊相对高度雌蕊低，子房5室、无茸毛，花柱长度1.2 cm，花柱裂位中；果实形状四方形或梅花形，果实大小3.5 cm×2.6 cm，果皮厚度0.2 cm；种子形状球形或不规则形，种径大小1.5 cm×1.1 cm，种皮色泽棕褐色；春茶一芽二叶烘青样水浸出物（WE）46.20%、茶多酚（TP）20.34%、氨基酸（AA）5.08%、咖啡碱（C）3.06%、儿茶素总量（TC）15.89%、酚氨比值（TP/AA）4.00，适制普洱茶和绿茶。

144. 芭蕉林1号古茶树

学名：*Camellia taliensis*（W. W. Smith）melchior。位于云南省保山市昌宁县温泉镇联席村芭蕉林村民小组，海拔2100 m；树型乔木型，树姿半开张，树高12.4 m，树幅5.0 m×3.0 m，最低分枝高0.8 m，基部干径1.0 m，分枝密度密；芽叶色泽黄绿色、芽叶无茸毛，叶片着生状态稍上斜，叶形椭圆形，叶色绿色，叶片亮度发亮，平均叶片长宽12.2 cm×5.2 cm，叶面积44.4 cm^2，大叶，叶身内折，叶面平，叶缘平，叶基楔形，叶质中，叶尖渐尖，叶脉对数8~10对，叶齿锯齿形，叶齿密度中，叶齿深度浅，叶齿锐度中，叶柄长1.4 cm、无茸毛，叶背主脉无茸毛；花萼5枚、无茸毛，花萼色泽绿色，花冠长宽3.5 cm×2.8 cm，花瓣6枚，花瓣色泽白色，花瓣长宽2.0 cm×1.2 cm，花瓣质地中，柱头开裂数5裂，雌雄蕊相对高度雌蕊低，子房5室、有茸毛，花柱长度0.9 cm，花柱裂位中；果实形状四方形或梅花形，果实大小2.8 cm×2.1 cm，果皮厚度0.1 cm；种子形状球形或不规则形，种径大小1.2 cm×1.4 cm，种皮色泽褐色或棕褐色；春茶一芽二叶烘青样水浸出物（WE）44.75 %、茶多酚（TP）15.79 %、氨基酸（AA）5.03 %、咖啡碱（C）2.92 %、儿茶素总量（TC）7.11 %、酚氨比值（TP/AA）3.14，适制普洱茶和绿茶。

145. 芭蕉林2号古茶树

学名：*Camellia taliensis*（W. W. Smith）melchior。位于云南省保山市昌宁县温泉镇联席村芭蕉林村民小组，海拔2243 m；树型乔木型，树姿直立，树高10.1 m，树幅2.5 m×2.5 m，最低分枝高0.8 m，基部干径0.3 m，分枝密度稀；芽叶色泽黄绿色、芽叶无茸毛，叶片着生状态稍上斜，叶形长椭圆形，叶色黄绿色，叶片亮度不亮，平均叶片长宽11.2 cm×5.1 cm，叶面积40.0 cm^2，大叶，叶身内折，叶面平，叶缘微波，叶基近圆形，叶质中，叶尖渐尖，叶脉对数10~12对，叶齿锯齿形，叶齿密度稀，叶齿深度中，叶齿锐度中，叶柄长1.6 cm、无茸毛，叶背主脉无茸毛；花萼5枚、无茸毛，花萼色泽绿色，花冠长宽5.0 cm×4.6 cm，花瓣6枚，花瓣色泽白色，花瓣长宽4.1 cm×2.3 cm，花瓣质地中，柱头开裂数5裂，雌雄蕊相对高度雌蕊低，子房5室、有茸毛，花柱长度0.7 cm，花柱裂位中；果实形状四方形或梅花形，果实大小2.9 cm×2.2 cm，果皮厚度0.2 cm；种子形状球形、半球形或不规则形，种径大小1.8 cm×1.4 cm，种皮色泽棕褐色；春茶一芽二叶烘青样水浸出物（WE）49.52 %、茶多酚（TP）19.47 %、氨基酸（AA）4.14 %、咖啡碱（C）3.37 %、儿茶素总量（TC）14.34 %，酚氨比值（TP/AA）4.70，适制普洱茶和绿茶。

146. 芭蕉林4号古茶树

学名：*Camellia taliensis*（W. W. Smith）melchior。位于云南省保山市昌宁县温泉镇联席村芭蕉林村民小组，海拔2100 m；树型乔木型，树姿直立，树高10.7 m，树幅5.1 m×5.1 m，最低分枝高0.4 m，基部干径0.8 m，分枝密度密；芽叶色泽黄绿色、芽叶无茸毛，叶片着生状态稍上斜，叶形长椭圆形，叶色绿色，叶片亮度发亮，平均叶片长宽12.4 cm×5.8 cm，叶面积50.3 cm^2，大叶，叶身内折，叶面平，叶缘微波，叶基近圆形，叶质中，叶尖渐尖，叶脉对数8~10对，叶齿锯齿形，叶齿密度密，叶齿深度中，叶齿锐度锐，叶柄长1.5 cm、无茸毛，叶背主脉无茸毛；花萼5枚、无茸毛，花萼色泽绿色，花冠长宽4.5 cm×4.2 cm，花瓣6枚，花瓣色泽白色，花瓣长宽2.6 cm×1.8 cm，花瓣质地中，柱头开裂数5裂，雌雄蕊相对高度雌蕊低，子房5室、无茸毛，花柱长度1.2 cm，花柱裂位中；果实形状三角形、四方形或梅花形，果实大小3.3 cm×2.6 cm，果皮厚度0.3 cm；种子形状球形或不规则形，种径大小1.3 cm×1.0 cm，种皮色泽棕褐色；春茶一芽二叶烘青样水浸出物（WE）42.61%、茶多酚（TP）19.46%、氨基酸（AA）3.57%、咖啡碱（C）3.09%、儿茶素总量（TC）8.02%、酚氨比值（TP/AA）5.45，适制普洱茶和绿茶。

147. 芭蕉林5号古茶树

学名：*Camellia taliensis*（W. W. Smith）melchior。位于云南省保山市昌宁县温泉镇联席村芭蕉林村民小组，海拔2100 m；树型乔木型，树姿半开张，树高13.1 m，树幅4.5 m×3.0 m，最低分枝高0.3 m，基部干径0.9 m，分枝密度密；芽叶色泽黄绿色、芽叶无茸毛，叶片着生状态稍上斜，叶形长椭圆形，叶色绿色，叶片亮度不亮，平均叶片长宽10.7 cm×4.2 cm，叶面积31.5 cm^2，中叶，叶身内折，叶面平，叶缘平，叶基楔形，叶质中，叶尖渐尖，叶脉对数6~9对，叶齿锯齿形，叶齿密度中，叶齿深度深，叶齿锐度锐，叶柄长1.2 cm、无茸毛，叶背主脉无茸毛；花萼5枚、无茸毛，花萼色泽绿色，花冠长宽3.7 cm×3.4 cm，花瓣6枚，花瓣色泽白色，花瓣长宽2.3 cm×1.2 cm，花瓣质地中，柱头开裂数5裂，雌雄蕊相对高度雌蕊低，子房5室、有茸毛，花柱长度1.2 cm，花柱裂位中；果实形状肾形、三角形或四方形，果实大小3.6 cm×2.7 cm，果皮厚度0.2 cm；种子形状球形或不规则形，种径大小1.2 cm×1.4 cm，种皮色泽棕褐色；春茶一芽二叶烘青样水浸出物（WE）44.51 %、茶多酚（TP）18.14 %、氨基酸（AA）3.82 %、咖啡碱（C）2.89 %、儿茶素总量（TC）9.05 %，酚氨比值（TP/AA）4.75，适制普洱茶和绿茶。

148. 芭蕉林6号古茶树

学名：*Camellia taliensis*（W. W. Smith）melchior。位于云南省保山市昌宁县温泉镇联席村芭蕉林村民小组，海拔2100 m；树型乔木型，树姿半开张，树高10.9 m，树幅3.5 m×3.0 m，最低分枝高1.0 m，基部干径0.8 m，分枝密度中；芽叶色泽黄绿色、芽叶无茸毛，叶片着生状态稍上斜，叶形长椭圆形，叶色绿色，叶片亮度不亮，平均叶片长宽13.5 cm×6.6 cm，叶面积62.4 cm^2，特大叶，叶身内折，叶面平，叶缘微波，叶基近圆形，叶质中，叶尖渐尖，叶脉对数10~12对，叶齿锯齿形，叶齿密度中，叶齿深度中，叶齿锐度中，叶柄长0.8 cm、无茸毛，叶背主脉无茸毛；花萼5枚、无茸毛，花萼色泽绿色，花冠长宽4.0 cm×3.7 cm，花瓣5枚，花瓣色泽白色，花瓣长宽2.0 cm×1.4 cm，花瓣质地中，柱头开裂数5裂，雌雄蕊相对高度雌蕊低，子房5室、有茸毛，花柱长度1.4 cm，花柱裂位中；果实形状肾形、三角形、四方形或梅花形，果实大小3.1 cm×2.4 cm，果皮厚度0.2 cm；种子形状球形、半球形或不规则形，种径大小1.8 cm×1.5 cm，种皮色泽棕褐色；春茶一芽二叶烘青样水浸出物（WE）44.79 %、茶多酚（TP）21.77 %、氨基酸（AA）2.21 %、咖啡碱（C）3.02 %、儿茶素总量（TC）8.4 %、酚氨比值（TP/AA）9.85，适制普洱茶、红茶和绿茶。

149. 乌土塘古茶树

学名：*Camellia taliensis*（W. W. Smith）melchior。位于云南省保山市昌宁县大田坝镇湾岗村乌土塘村民小组，海拔2243 m；树型乔木型，树姿半开张，树高7.8 m，树幅8.0 m×8.0 m，最低分枝高0.8 m，基部干径0.8 m，分枝密度密；芽叶色泽黄绿色、芽叶无茸毛，叶片着生状态稍上斜，叶形椭圆形，叶色深绿色，叶片亮度发亮，平均叶片长宽12.4 cm×5.2 cm，叶面积45.1 cm^2，大叶，叶身内折，叶面微隆，叶缘微波，叶基楔形，叶质中，叶尖急尖，叶脉对数9~12对，叶齿锯齿形，叶齿密度密，叶齿深度中，叶齿锐度中，叶柄长1.0 cm、无茸毛，叶背主脉无茸毛；花萼5枚、无茸毛，花萼色泽绿色，花冠长宽4.8 cm×4.4 cm，花瓣6枚，花瓣色泽白色，花瓣长宽2.1 cm×1.6 cm，花瓣质地中，柱头开裂数5裂，雌雄蕊相对高度雌蕊低，子房5室、有茸毛，花柱长度1.1 cm，花柱裂位中；果实形状肾形、四方形或梅花形，果实大小3.1 cm×2.3 cm，果皮厚度0.4 cm；种子形状球形或不规则形，种径大小1.6 cm×1.3 cm，种皮色泽棕褐色；春茶一芽二叶烘青样水浸出物（WE）50.92%、茶多酚（TP）20.07%、氨基酸（AA）3.61%、咖啡碱（C）2.67%、儿茶素总量（TC）12.42%、酚氨比值（TP/AA）5.56，适制普洱茶和绿茶。

150. 石佛山 1 号古茶树

学名：*Camellia taliensis*（W. W. Smith）melchior。位于云南省保山市昌宁县田园镇新华村石佛山村民小组，海拔2243 m；树型乔木型，树姿半开张，树高15.2 m，树幅9.0 m×6.5 m，最低分枝高0.6 m，基部干径0.9 m，分枝密度密；芽叶色泽黄绿色、芽叶无茸毛，叶片着生状态稍上斜，叶形长椭圆形，叶色黄绿色，叶片亮度不亮，平均叶片长宽10.9 cm×4.0 cm，叶面积30.5 cm^2，中叶，叶身内折，叶面微隆，叶缘微波，叶基楔形，叶质中，叶尖急尖，叶脉对数7对，叶齿锯齿形，叶齿密度中，叶齿深度中，叶齿锐度钝，叶柄长1.4 cm、无茸毛，叶背主脉无茸毛；花萼5枚、无茸毛，花萼色泽绿色，花冠长宽3.8 cm×3.4 cm，花瓣5枚，花瓣色泽白色，花瓣长宽1.7 cm×1.3 cm，花瓣质地中，柱头开裂数5裂，雌雄蕊相对高度雌蕊低，子房5室、有茸毛，花柱长度0.9 cm，花柱裂位中；果实形状肾形或梅花形，果实大小2.9 cm×2.3 cm，果皮厚度0.1 cm；种子形状球形、半球形或不规则形，种径大小1.8 cm×1.5 cm，种皮色泽棕褐色；春茶一芽二叶烘青样水浸出物（WE）49.86 %、茶多酚（TP）23.14 %、氨基酸（AA）5.08 %、咖啡碱（C）3.38 %、儿茶素总量（TC）15.98 %、酚氨比值（TP/AA）4.56，适制普洱茶和绿茶。

151.石佛山2号古茶树

学名：*Camellia taliensis*（W. W. Smith）melchior。位于云南省保山市昌宁县田园镇新华村石佛山村民小组，海拔2152 m；树型乔木型，树姿半开张，树高13.5 m，树幅7.0 m×6.5 m，最低分枝高0.5 m，基部干径0.7 m，分枝密度密；芽叶色泽黄绿色、芽叶无茸毛，叶片着生状态稍上斜，叶形长椭圆形，叶色绿色，叶片亮度不亮，平均叶片长宽12.4 cm×5.5 cm，叶面积47.7 cm^2，大叶，叶身内折，叶面微隆，叶缘微波，叶基楔形，叶质中，叶尖渐尖，叶脉对数9~12对，叶齿锯齿形，叶齿密度中，叶齿深度中，叶齿锐度中，叶柄长1.5 cm、无茸毛，叶背主脉无茸毛；花萼5枚、无茸毛，花萼色泽绿色，花冠长宽3.7 cm×3.2 cm，花瓣7枚，花瓣色泽白色，花瓣长宽2.2 cm×1.8 cm，花瓣质地中，柱头开裂数5裂，雌雄蕊相对高度雌蕊低，子房5室、有茸毛，花柱长度1.0 cm，花柱裂位中；果实形状球形、四方形或梅花形，果实大小2.8 cm×2.0 cm，果皮厚度0.2 cm；种子形状球形、半球形或不规则形，种径大小1.2 cm×1.5 cm，种皮色泽棕褐色；春茶一芽二叶烘青样水浸出物（WE）44.37％、茶多酚（TP）19.80％、氨基酸（AA）4.16％、咖啡碱（C）2.32％、儿茶素总量（TC）14.58％、酚氨比值（TP/AA）4.76，适制普洱茶和绿茶。

152. 黄家寨2号古茶树

学名：*Camellia taliensis*（W. W. Smith）melchior。位于云南省保山市昌宁县漭水镇漭水村黄家寨村民小组黄家大洼，海拔1845 m；树型乔木型，树姿半开张，树高9.6 m，树幅6.8 m×5.7 m，最低分枝高0.4 m，基部干径0.4 m，分枝密度密；芽叶色泽黄绿色、芽叶茸毛多，叶片着生状态稍上斜，叶形长椭圆形，叶色深绿色，叶片亮度发亮，平均叶片长宽15.2 cm×6.2 cm，叶面积66.0 cm^2，特大叶，叶身内折，叶面微隆，叶缘微波，叶基楔形，叶质中，叶尖渐尖，叶脉对数10~16对，叶齿锯齿形，叶齿密度中，叶齿深度深，叶齿锐度钝，叶柄长0.9 cm、有茸毛，叶背主脉茸毛多；花萼5枚、无茸毛，花萼色泽绿色，花冠长宽4.9 cm×4.2 cm，花瓣7枚，花瓣色泽白色，花瓣长宽2.1 cm×1.8 cm，花瓣质地中，柱头开裂数5裂，雌雄蕊相对高度雌蕊低，子房5室、有茸毛，花柱长度0.9 cm，花柱裂位中；果实形状球形、三角形、四方形或梅花形，果实大小2.8 cm×2.2 cm，果皮厚度0.2 cm；种子形状球形、半球形或不规则形，种径大小1.6 cm×1.2 cm，种皮色泽棕褐色；春茶一芽二叶烘青样水浸出物（WE）47.66％、茶多酚（TP）25.00％、氨基酸（AA）5.09％、咖啡碱（C）3.65％、儿茶素总量（TC）13.41％、酚氨比值（TP/AA）4.91，适制普洱茶和绿茶。

153. 羊圈坡古茶树

学名：*Camellia taliensis*（W. W. Smith）melchior。位于云南省保山市昌宁县漭水镇沿江村羊圈坡村民小组，海拔2349 m；树型乔木型，树姿半开张，树高10.1 m，树幅8.9 m×8.0 m，最低分枝高0.2 m，基部干径1.0 m，分枝密度密；芽叶色泽黄绿色、芽叶无茸毛，叶片着生状态水平，叶形椭圆形，叶色黄绿色，叶片亮度不亮，平均叶片长宽12.4 cm×6.0 cm，叶面积52.1 cm^2，大叶，叶身内折，叶面平，叶缘微波，叶基楔形，叶质中，叶尖渐尖，叶脉对数8~13对，叶齿锯齿形，叶齿密度密，叶齿深度中，叶齿锐度中，叶柄长1.3 cm、无茸毛，叶背主脉无茸毛；花萼5枚、无茸毛，花萼色泽绿色，花冠长宽4.4 cm×3.8 cm，花瓣9枚，花瓣色泽白色，花瓣长宽2.2 cm×1.6 cm，花瓣质地中，柱头开裂数4裂或5裂，雌雄蕊相对高度雌蕊低，子房4室或5室、有茸毛，花柱长度1.3 cm，花柱裂位中；果实形状四方形或梅花形，果实大小3.2 cm×2.3 cm，果皮厚度0.2 cm；种子形状球形、半球形或不规则形，种径大小1.6 cm×1.2 cm，种皮色泽棕褐色；春茶一芽二叶烘青样水浸出物（WE）42.77 %、茶多酚（TP）20.67 %、氨基酸（AA）4.04 %、咖啡碱（C）2.44 %、儿茶素总量（TC）11.73 %、酚氨比值（TP/AA）5.12，适制普洱茶和绿茶。

154. 黑松坡古茶树

学名：*Camellia taliensis*（W. W. Smith）melchior。位于云南省保山市昌宁县大田坝镇湾岗村黑松坡村民小组，海拔2243 m；树型乔木型，树姿半开张，树高5.0 m，树幅3.2 m×3.0 m，最低分枝高0.7 m，基部干径0.6 m，分枝密度密；芽叶色泽黄绿色、芽叶无茸毛，叶片着生状态稍上斜，叶形长椭圆形，叶色绿色，叶片亮度不亮，平均叶片长宽13.2 cm×5.8 cm，叶面积53.6 cm^2，大叶，叶身内折，叶面微隆，叶缘微波，叶基楔形，叶质中，叶尖渐尖，叶脉对数9~13对，叶齿锯齿形，叶齿密度密，叶齿深度中，叶齿锐度中，叶柄长1.2 cm、无茸毛，叶背主脉无茸毛；花萼5枚、无茸毛，花萼色泽绿色，花冠长宽3.2 cm×3.4 cm，花瓣9枚，花瓣色泽白色，花瓣长宽2.1 cm×1.4 cm，花瓣质地中，柱头开裂数5裂，雌雄蕊相对高度雌蕊低，子房5室、无茸毛，花柱长度1.0 cm，花柱裂位中；果实形状球形、四方形或梅花形，果实大小4.5 cm×3.4 cm，果皮厚度0.3 cm；种子形状球形、半球形或不规则形，种径大小1.9 cm×1.6 cm，种皮色泽棕褐色；春茶一芽二叶烘青样水浸出物（WE）43.26 %、茶多酚（TP）17.41 %、氨基酸（AA）3.71 %、咖啡碱（C）1.73 %、儿茶素总量（TC）12.36 %、酚氨比值（TP/AA）4.69，适制普洱茶和绿茶。

155. 茶山河3号古茶树

学名：*Camellia taliensis*（W. W. Smith）melchior。位于云南省保山市昌宁县漭水镇沿江村茶山河村民小组，海拔2390 m；树型乔木型，树姿半开张，树高8.0 m，树幅5.0 m×4.0 m，最低分枝高0.6 m，基部干径0.7 m，分枝密度密；芽叶色泽黄绿色、芽叶无茸毛，叶片着生状态稍上斜，叶形长椭圆形，叶色黄绿色，叶片亮度不亮，平均叶片长宽12.6 cm×5.1 cm，叶面积45.0 cm^2，大叶，叶身内折，叶面平，叶缘微波，叶基楔形，叶质中，叶尖渐尖，叶脉对数8~11对，叶齿锯齿形，叶齿密度密，叶齿深度中，叶齿锐度锐，叶柄长1.7 cm、无茸毛，叶背主脉无茸毛；花萼5枚、无茸毛，花萼色泽绿色，花冠长宽3.8 cm×4.1 cm，花瓣6枚，花瓣色泽白色，花瓣长宽1.9 cm×1.4 cm，花瓣质地中，柱头开裂数5裂，雌雄蕊相对高度雌蕊低，子房5室、有茸毛，花柱长度1.1 cm，花柱裂位中；果实形状球形、肾形、三角形、四方形或梅花形，果实大小4.4 cm×2.9 cm，果皮厚度0.2 cm；种子形状球形或不规则形，种径大小1.8 cm×1.4 cm，种皮色泽棕褐色；春茶一芽二叶烘青样水浸出物（WE）47.79 %、茶多酚（TP）23.01 %、氨基酸（AA）6.49 %、咖啡碱（C）3.56 %、儿茶素总量（TC）8.10 %，酚氨比值（TP/AA）3.55，适制普洱茶和绿茶。

156. 茶山河 1 号古茶树

学名：*Camellia taliensis*（W. W. Smith）melchior。位于云南省保山市昌宁县漭水镇沿江村茶山河村民小组，海拔2348 m；树型乔木型，树姿半开张，树高15.8 m，树幅8.0 m×6.7 m，最低分枝高1.5 m，基部干径1.1 m，分枝密度密；芽叶色泽黄绿色、芽叶无茸毛，叶片着生状态稍上斜，叶形椭圆形，叶色绿色，叶片亮度不亮，平均叶片长宽14.1 cm×6.6 cm，叶面积65.1 cm^2，特大叶，叶身内折，叶面微隆，叶缘微波，叶基楔形，叶质中，叶尖渐尖，叶脉对数7~10对，叶齿锯齿形，叶齿密度中，叶齿深度深，叶齿锐度锐，叶柄长1.3 cm、无茸毛，叶背主脉茸毛少；花萼4~6枚、无茸毛，花萼色泽绿色，花冠长宽4.6 cm×4.1 cm，花瓣6~8枚，花瓣色泽白色，花瓣长宽2.0 cm×1.3 cm，花瓣质地中，柱头开裂数5裂，雌雄蕊相对高度雌蕊低，子房5室、无茸毛，花柱长度1.1 cm，花柱裂位低；果实形状球形、肾形、三角形或梅花形，果实大小4.4 cm×2.6 cm，果皮厚度0.3 cm；种子形状球形、似肾形或不规则形，种径大小1.5 cm×1.3 cm，种皮色泽棕褐色；春茶一芽二叶烘青样水浸出物（WE）47.39%、茶多酚（TP）19.05%、氨基酸（AA）3.20%、咖啡碱（C）3.14%、儿茶素总量（TC）23.45%、酚氨比值（TP/AA）5.95，适制普洱茶和绿茶。

157. 感通寺 1 号古茶树

学名：*Camellia taliensis*（W. W. Smith）melchior。位于云南省大理白族自治州大理市苍山感通寺院内，海拔2300 m；树型小乔木型，树姿直立，树高5.8 m，树幅4.3 m×3.8 m，最低分枝高1.3 m，基部干径0.3 m，分枝密度中；芽叶色泽黄绿色、芽叶无茸毛，叶片着生状态稍上斜，叶形椭圆形，叶色绿色，叶片亮度发亮，平均叶片长宽15.1 cm×6.9 cm，叶面积72.9 cm^2，特大叶，叶身内折，叶面平，叶缘微波，叶基楔形，叶质柔软，叶尖渐尖，叶脉对数9~11对，叶齿锯齿形，叶齿密度中，叶齿深度深，叶齿锐度中，叶柄长0.6 cm、无茸毛，叶背主脉无茸毛；花萼5枚、无茸毛，花萼色泽绿色，花冠长宽5.1 cm×5.0 cm，花瓣9枚，花瓣色泽白色，花瓣长宽1.5 cm×1.3 cm，花瓣质地薄，柱头开裂数5裂，雌雄蕊相对高度雌蕊高或等高，子房5室、有茸毛，花柱长度1.9 cm，花柱裂位低；果实形状球形或梅花形，果实大小3.1 cm×3.4 cm，果皮厚度0.2 cm；种子形状球形、半球形或不规则形，种径大小1.4 cm×1.4 cm，种皮色泽棕褐色；春茶一芽二叶晒青样水浸出物（WT）48.44%、茶多酚（TP）18.15%、氨基酸（AA）2.53%、咖啡碱（C）2.10%、儿茶素总量（TC）10.45%、酚氨比值（TP/AA）7.17，适制普洱茶和绿茶。

158. 单大人1号古茶树

学名：*Camellia taliensis*（W. W. Smith）melchior。位于云南省大理白族自治州大理市下关镇苍山脚荷花村单大人寨，海拔2409 m；树型小乔木型，树姿半开张，树高5.0 m，树幅3.7 m×4.2 m，最低分枝高度0.3 m，基部干径0.7 m，分枝密度密；芽叶色泽紫绿色、芽叶无茸毛，叶片着生状态稍上斜，叶形长椭圆形，叶色黄绿色，叶片亮度发亮，平均叶片长宽13.2 cm×6.1 cm，叶面积56.4 cm^2，大叶，叶身平，叶面平，叶缘平，叶基楔形，叶质中，叶尖渐尖，叶脉对数11对，叶齿锯齿形，叶齿密度稀，叶齿深度中，叶齿锐度锐，叶柄长1.2 cm、无茸毛，叶背主脉无茸毛；花萼5枚、无茸毛，花萼色泽绿色，花冠长宽4.3 cm×4.7 cm，花瓣11枚，花瓣色泽白色，花瓣长宽1.6 cm×1.5 cm，花瓣质地中，柱头开裂数5裂，雌雄蕊相对高度雌蕊高或等高，子房5室、有茸毛，花柱长度1.8 cm，花柱裂位低；果实形状球形或梅花形，果实大小3.1 cm×3.2 cm，果皮厚度0.2 cm；种子形状球形、半球形或不规则形，种径大小1.3 cm×1.4 cm，种皮色泽棕褐色；春茶一芽二叶晒青样水浸出物（WE）47.55 %、茶多酚（TP）17.65 %、氨基酸（AA）2.04 %、咖啡碱（C）1.67 %、儿茶素总量（TC）8.64 %、酚氨比值（TP/AA）8.65，适制普洱茶、红茶和绿茶。

159. 小古德1号古茶树

学名：*Camellia taliensis*（W. W. Smith）melchior。位于云南省大理白族自治州南涧彝族自治县无量山镇古德村委会小古德茶场，海拔2024 m；树型乔木型，树姿半开张，树高10.4 m，树幅9.9 m×9.0 m，最低分枝高1.0 m，基部干径0.6 cm，分枝密度密；芽叶色泽绿色、芽叶茸毛多，叶片着生状态稍上斜，叶形长椭圆形，叶色深绿色，叶片亮度发亮，平均叶片长宽12.2 cm×4.5 cm，叶面积38.4 cm^2，中叶，叶身内折，叶面微隆，叶缘微波，叶基楔形，叶质中，叶尖渐尖，叶脉对数12~14对，叶齿锯齿形，叶齿密度稀，叶齿深度浅，叶齿锐度中，叶柄长1.7 cm、无茸毛，叶背主脉无茸毛；花萼5枚、无茸毛，花萼色泽绿色，花冠长宽4.6 cm×4.6 cm，花瓣6~8枚，花瓣色泽白色，花瓣长宽1.5 cm×1.4 cm，花瓣质地中，柱头开裂数4裂或5裂，雌雄蕊相对高度雌蕊低或等高，子房4室或5室、有茸毛，花柱长度1.3 cm，花柱裂位低；果实形状四方形或梅花形，果实大小2.6 cm×2.5 cm，果皮厚度0.2 cm；种子形状球形或不规则形，种径大小1.7 cm×1.6 cm，种皮色泽棕褐色；春茶一芽二叶晒青样水浸出物（WE）42.60 %、茶多酚（TP）20.16 %、氨基酸（AA）3.24 %、咖啡碱（C）2.49 %、儿茶素总量（TC）13.32 %、酚氨比值（TP/AA）6.22，适制普洱茶和绿茶。

160. 木板箐 1 号古茶树

学名：*Camellia taliensis*（W. W. Smith）melchior。位于云南省大理白族自治州南涧彝族自治县无量山镇新政村委会木板箐村，海拔2046 m；树型小乔木型，树姿半开张，树高6.2 m，树幅5.5 m×5.6 m，最低分枝高1.1 m，基部干径0.5 m，分枝密度密；芽叶色泽黄绿色、芽叶茸毛多，叶片着生状态稍上斜，叶形椭圆形，叶色绿色，叶片亮度发亮，平均叶片长宽11.5 cm×5.0 cm，叶面积40.3 cm^2，大叶，叶身平或内折，叶面平，叶缘平，叶基楔形，叶质中，叶尖渐尖，叶脉对数8~11对，叶齿锯齿形，叶齿密度稀，叶齿深度浅，叶齿锐度锐，叶柄长1.8 cm、无茸毛，叶背主脉无茸毛；花萼5枚、无茸毛，花萼色泽绿色，花冠长宽3.6 cm×3.8 cm，花瓣9~10枚、花瓣色泽白色，花瓣长宽2.1 cm×1.5 cm，花瓣质地薄，柱头开裂数3裂或5裂，雌雄蕊相对高度雌蕊高，子房3室或5室、有茸毛，花柱长度1.3 cm，花柱裂位中；果实形状四方形或梅花形，果实大小2.4 cm×2.6 cm，果皮厚度0.2 cm；种子形状球形、半球形或不规则形，种径大小1.5 cm×1.4 cm，种皮色泽棕色；春茶一芽二叶晒青样水浸出物（WE）44.61 %、茶多酚（TP）18.71 %、氨基酸（AA）5.06 %、咖啡碱（C）2.37 %、儿茶素总量（TC）8.95 %、酚氨比值（TP/AA）3.70，适制普洱茶和绿茶。

161. 金光寺 1 号古茶树

学名：*Camellia taliensis*（W. W. Smith）melchior。位于云南省大理白族自治州永平县杉阳镇松坡村金光寺围墙外，海拔2588 m；树型乔木型，树姿直立，树高21.0 m，树幅6.1 m×6.5 m，最低分枝高0.8 m，基部干径0.5 m，分枝密度中；芽叶色泽深绿色、芽叶无茸毛，叶片着生状态水平，叶形长椭圆形，叶色深绿色，叶片亮度发亮，平均叶片长宽13.9 cm×5.3 cm，叶面积51.6 cm^2，大叶，叶身平，叶面平，叶缘平，叶基楔形，叶质中，叶尖渐尖，叶脉对数8~9对，叶齿锯齿形，叶齿密度稀，叶齿深度浅，叶齿锐度中，叶柄长16 cm、无茸毛，叶背主脉无茸毛；花萼5枚、无茸毛，花萼色泽绿色，花冠长宽3.8 cm×3.5 cm，花瓣10~12枚，花瓣色泽白色，花瓣长宽2.4 cm×2.0 cm，花瓣质地中，柱头开裂数5裂，雌雄蕊相对高度雌蕊低或等高，子房5室、有茸毛，花柱长度1.5 cm，花柱裂位低；果实形状球形、四方形或梅花形，果实大小1.4 cm×1.9 cm，果皮厚度0.1 cm；种子形状球形、半球形或不规则形，种径大小1.1 cm×1.3 cm，种皮色泽棕褐色，种子百粒重223.0 g；春茶一芽二叶晒青样水浸出物50.11 %、茶多酚25.59 %、氨基酸2.95 %、咖啡碱3.75 %、儿茶素总量（TC）14.90 %、酚氨比值（TP/AA）8.67，适制普洱茶、红茶和绿茶。

162. 金光寺 2 号古茶树

学名：*Camellia taliensis*（W. W. Smith）melchior。位于云南省大理白族自治州永平县杉阳镇松坡村金光寺围墙外，海拔2528 m；树型乔木型，树姿半开张，树高8.0 m，树幅3.5 m×2.4 m，最低分枝高0.5 m，基部干径0.3 m，分枝密度密；芽叶色泽紫绿色、芽叶无茸毛，叶片着生状态水平，叶形卵圆形，叶色深绿色，叶片亮度发亮，平均叶片长宽12.1 cm×5.5 cm，叶面积46.6 cm^2，大叶，叶身内折，叶面微隆，叶缘平，叶基楔形，叶质中，叶尖渐尖，叶脉对数8~9对，叶齿锯齿形，叶齿密度稀，叶齿深度浅，叶齿锐度中，叶柄长1.7 cm、无茸毛，叶背主脉无茸毛；花萼5枚、无茸毛，花萼色泽绿色，花冠长宽1.3 cm×1.6 cm，花瓣9~11枚，花瓣色泽白色，花瓣长宽2.4 cm×2.0 cm，花瓣质地中，柱头开裂数5裂，雌雄蕊相对高度雌蕊低或等高，子房5室、有茸毛，花柱长度1.7 cm，花柱裂位中；果实形状球形、四方形或梅花形，果实大小3.7 cm×3.1 cm，果皮厚度0.1 cm；种子形状球形、半球形或不规则形，种径大小1.2 cm×1.4 cm，种皮色泽棕褐色，种子百粒重198.0 g；春茶一芽二叶晒青样水浸出物（WE）49.9%、茶多酚（TP）18.9%、氨基酸（AA）5.4%、咖啡碱（C）2.8%、儿茶素总量（TC）10.35%、酚氨比值（TP/AA）3.50，适制普洱茶和绿茶。

163. 金光寺6号古茶树

学名：*Camellia taliensis*（W. W. Smith）melchior。位于云南省大理白族自治州永平县杉阳镇松坡村金光寺围墙外，海拔2533 m；树型乔木型，树姿直立，树高8.0 m，树幅3.1 m×3.5 m，最低分枝高1.0 m，基部干径0.4 m，分枝密度中；芽叶色泽紫绿色、芽叶无茸毛，叶片着生状态水平，叶形卵圆形，叶色深绿色，叶片亮度不亮，平均叶片长宽12.0 cm×5.5 cm，叶面积46.2 cm^2，大叶，叶身内折，叶面微隆，叶缘平，叶基楔形，叶质中，叶尖渐尖，叶脉对数10~13对，叶齿锯齿形，叶齿密度稀，叶齿深度浅，叶齿锐度中，叶柄长1.8 cm、无茸毛，叶背主脉无茸毛；花萼5枚、无茸毛，花萼色泽绿色，花冠长宽1.3 cm×1.6 cm，花瓣9~11枚，花瓣色泽白色，花瓣长宽2.4 cm×2.0 cm，花瓣质地中，柱头开裂数5裂，雌雄蕊相对高度雌蕊低或等高，子房5室、有茸毛，花柱长度1.7 cm，花柱裂位高；果实形状球形、四方形或梅花形，果实大小3.6 cm×3.2 cm，果皮厚度0.1 cm；种子形状球形、半球形或不规则形，种径大小1.2 cm×1.4 cm，种皮色泽棕褐色，种子百粒重231.0 g；春茶一芽二叶晒青样水浸出物（WE）48.4 %、茶多酚（TP）18.1 %、氨基酸（AA）5.5 %、咖啡碱（C）2.7 %、儿茶素总量（TC）10.21 %、酚氨比值（TP/AA）3.29，适制普洱茶和绿茶。

164. 永国寺 1 号古茶树

学名：*Camellia taliensis*（W. W. Smith）melchior。位于云南省大理白族自治州永平县杉阳镇杉阳村麦地三组（永国寺），海拔2302 m；树型乔木型，树姿半开张，树高6.5 m，树幅9.0 m×9.3 m，最低分枝高1.0 m，基部干径0.7 cm，分枝密度密；芽叶色泽紫绿色、芽叶无茸毛，叶片着生状态水平，叶形卵圆形，叶色深绿色，叶片亮度发亮，平均叶片长宽12.0 cm×5.5 cm，叶面积46.2 cm^2，大叶，叶身内折，叶面微隆，叶缘平，叶基楔形，叶质中，叶尖渐尖，叶脉对数10~13对，叶齿锯齿形，叶齿密度稀，叶齿深度浅，叶齿锐度中，叶柄长1.6 cm、无茸毛，叶背主脉无茸毛；花萼5枚、无茸毛，花萼色泽绿色，花冠长宽1.3 cm×1.6 cm，花瓣9~10枚，花瓣色泽白色，花瓣长宽2.4 cm×2.0 cm，花瓣质地中，柱头开裂数5裂，雌雄蕊相对高度雌蕊低或等高，子房5室、有茸毛，花柱长度1.7 cm，花柱裂位高；果实形状球形或梅花形，果实大小3.6 cm×3.0 cm，果皮厚度0.2 cm；种子形状球形、半球形或不规则形，种径大小1.2 cm×1.4 cm，种皮色泽棕褐色，种子百粒重230.0 g；春茶一芽二叶晒青样水浸出物（WE）49.32 %、茶多酚（TP）22.58 %、氨基酸（AA）3.35 %、咖啡碱（C）2.98 %、儿茶素总量13.93 %、酚氨比值（TP/AA）6.74，适制普洱茶和绿茶。

165. 大旧寨1号古茶树

学名：*Camellia taliensis*（W. W. Smith）melchior。位于云南省大理白族自治州永平县水泄彝族乡瓦厂村大旧寨组，海拔2084 m；树型乔木型，树姿直立，树高11.2 m，树幅4.5 m×5.3 m，最低分枝高0.6 m，基部干径0.1 m，分枝密度中；芽叶色泽紫绿色、芽叶无茸毛，叶片着生状态水平，叶形卵圆形，叶色深绿色，叶片亮度不亮，平均叶片长宽12.5 cm×5.7 cm，叶面积49.9 cm^2，大叶，叶身内折，叶面微隆，叶缘平，叶基楔形，叶质中，叶尖渐尖，叶脉对数10~11对，叶齿锯齿形，叶齿密度中，叶齿深度深，叶齿锐度中，叶柄长1.3 cm、无茸毛，叶背主脉无茸毛；花萼5枚、无茸毛，花萼色泽绿色，花冠长宽3.9 cm×3.3 cm，花瓣9~12枚，花瓣色泽白色，花瓣长宽2.0 cm×2.2 cm，花瓣质地中，柱头开裂数5裂，雌雄蕊相对高度雌蕊低或等高，子房5室、有茸毛，花柱长度1.6 cm，花柱裂位低；果实形状球形、四方形或梅花形，果实大小3.5 cm×3.8 cm，果皮厚度0.1 cm；种子形状球形、半球形或不规则形，种径大小1.2 cm×1.4 cm，种皮色泽棕褐色，种子百粒重250.0 g；春茶一芽二叶晒青样水浸出物48.79 %、茶多酚（TP）24.71 %、氨基酸3.08 %、咖啡碱3.72 %、儿茶素总量（TC）15.74 %、酚氨比值（TP/AA）8.02，适制普洱茶、红茶和绿茶。

166. 大河沟1号古茶树

学名：*Camellia taliensis*（W. W. Smith）melchior。位于云南省大理白族自治州永平县水泄彝族乡狮子窝村大河沟组，海拔2128 m；树型乔木型，树姿半开张，树高5.0 m，树幅4.5 m×5.0 m，最低分枝高0.4 m，基部干径0.6 m，分枝密度中；芽叶色泽紫绿色、芽叶无茸毛，叶片着生状态水平，叶形卵圆形，叶色深绿色，叶片亮度不亮，平均叶片长宽10.2 cm×4.6 cm，叶面积32.8 cm^2，中叶，叶身内折，叶面微隆，叶缘平，叶基楔形，叶质中，叶尖渐尖，叶脉对数8~10对，叶齿锯齿形，叶齿密度稀，叶齿深度浅，叶齿锐度中，叶柄长1.4 cm、无茸毛，叶背主脉无茸毛；花萼5枚、无茸毛，花萼色泽绿色，花冠长宽3.8 cm×3.3 cm，花瓣9~11枚，花瓣色泽白色，花瓣长宽1.9 cm×2.2 cm，花瓣质地中，柱头开裂数5裂，雌雄蕊相对高度雌蕊低或等高，子房5室、有茸毛，花柱长度1.5 cm，花柱裂位低；果实形状球形或梅花形，果实大小2.2 cm×1.9 cm，果皮厚度0.1 cm；种子形状球形、半球形或不规则形，种径大小1.1 cm×1.1 cm，种皮色泽棕褐色，种子百粒重200.0 g；春茶一芽二叶晒青样水浸出物49.93 %、茶多酚25.71 %、氨基酸2.49 %、咖啡碱3.67 %、儿茶素总量（TC）12.64 %、酚氨比值（TP/AA）10.33，适制普洱茶、红茶和绿茶。

167. 大河沟2号古茶树

学名：*Camellia taliensis*（W. W. Smith）melchior。位于云南省大理白族自治州永平县水泄彝族乡狮子窝村大河沟组，海拔2129 m；树型乔木型，树姿半开张，树高5.5 m，树幅3.5 m×4.4 m，最低分枝高0.3 m，基部干径0.7 m，分枝密度中；芽叶色泽紫绿色、芽叶无茸毛，叶片着生状态水平，叶形卵圆形，叶色深绿色，叶片亮度发亮，平均叶片长宽12.0 cm×5.5 cm，叶面积46.2 cm^2，大叶，叶身内折，叶面微隆，叶缘平，叶基楔形，叶质中，叶尖渐尖，叶脉对数8~10对，叶齿锯齿形，叶齿密度稀，叶齿深度浅，叶齿锐度中，叶柄长1.5 cm、无茸毛，叶背主脉无茸毛；花萼5枚、无茸毛，花萼色泽绿色，花冠长宽3.4 cm×2.9 cm，花瓣9~11枚，花瓣色泽白色，花瓣长宽1.9 cm×2.2 cm，花瓣质地中，柱头开裂数5裂，雌雄蕊相对高度雌蕊低或等高，子房5室、有茸毛，花柱长度1.7 cm，花柱裂位中；果实形状球形、四方形或梅花形，果实大小3.2 cm×2.9 cm，果皮厚度0.1 cm；种子形状球形、半球形或不规则形，种径大小1.1 cm×1.1 cm，种皮色泽棕褐色，种子百粒重198.0；春茶一芽二叶晒青样水浸出物（WE）50.34 %、茶多酚（TP）19.43 %、氨基酸（AA）2.43 %、咖啡碱（C）3.79 %、儿茶素总量（TC）13.24 %、酚氨比值（TP/AA）8.00，适制普洱茶、红茶和绿茶。

168. 大河沟7号古茶树

学名：*Camellia taliensis*（W. W. Smith）melchior。位于云南省大理白族自治州永平县水泄彝族乡狮子窝村大河沟组，海拔2125 m；树型乔木型，树姿半开张，树高8.5 m，树幅4.5 m×5.3 m，最低分枝高0.6 m，基部干径0.9 m，分枝密度中；芽叶色泽紫绿色、芽叶无茸毛，叶片着生状态水平，叶形卵圆形，叶色深绿色，叶片亮度发亮，平均叶片长宽9.0 cm×4.5 cm，叶面积28.4 cm^2，中叶，叶身内折，叶面微隆，叶缘平，叶基楔形，叶质中，叶尖渐尖，叶脉对数9~11对，叶齿锯齿形，叶齿密度稀，叶齿深度浅，叶齿锐度中，叶柄长2.2 cm、无茸毛，叶背主脉无茸毛；花萼5枚、无茸毛，花萼色泽绿色，花冠长宽3.8 cm×4.1 cm，花瓣9~11枚、花瓣色泽白色，花瓣长宽1.9 cm×2.2 cm，花瓣质地中，柱头开裂数5裂，雌雄蕊相对高度雌蕊低或等高，子房5室、有茸毛，花柱长度1.4 cm，花柱裂位高；果实形状球形或梅花形，果实大小3.7 cm×3.4 cm，果皮厚度0.1 cm；种子形状球形、半球形或不规则形，种径大小1.1 cm×1.4 cm，种皮色泽棕褐色，种子百粒重230.0 g；春茶一芽二叶晒青样水浸出物（WE）48.3 %、茶多酚（TP）17.8 %、氨基酸（AA）4.1 %、咖啡碱（C）3.5 %、儿茶素总量（TC）10.18 %、酚氨比值（TP/AA）4.34，适制普洱茶和绿茶。

169. 大河沟8号古茶树

学名：*Camellia taliensis*（W. W. Smith）melchior。位于云南省大理白族自治州永平县水泄彝族乡狮子窝村大河沟组，海拔2106 m；树型乔木型，树姿半开张，树高9.5 m，树幅5.3 m×5.8 m，最低分枝高0.2 m，基部干径0.5 m，分枝密度中；芽叶色泽紫绿色、芽叶无茸毛，叶片着生状态水平，叶形卵圆形，叶色深绿色，叶片亮度不亮，平均叶片长宽12.5 cm×5.3 cm，叶面积46.4 cm^2，大叶，叶身内折，叶面微隆，叶缘微波，叶基楔形，叶质中，叶尖渐尖，叶脉对数9~11对，叶齿锯齿形，叶齿密度稀，叶齿深度浅，叶齿锐度中，叶柄长1.8 cm、无茸毛，叶背主脉无茸毛；花萼5枚、无茸毛，花萼色泽绿色，花冠长宽3.8 cm×3.3 cm，花瓣9~11枚，花瓣色泽白色，花瓣长宽1.9 cm×2.2 cm，花瓣质地中，柱头开裂数5裂，雌雄蕊相对高度雌蕊低或等高，子房5室、有茸毛，花柱长度1.7 cm，花柱裂位中；果实形状球形、四方形或梅花形，果实大小3.7 cm×3.4 cm，果皮厚度0.1 cm；种子形状球形或不规则形，种径大小1.1 cm×1.4 cm，种皮色泽棕褐色，种子百粒重250.0 g；春茶一芽二叶晒青样水浸出物（WE）44.2 %、茶多酚（TP）16.5 %、氨基酸（AA）3.7 %、咖啡碱（C）3.8 %、儿茶素总量（TC）12.91 %、酚氨比值（TP/AA）4.46，适制普洱茶和绿茶。

170. 大河沟9号古茶树

学名：*Camellia taliensis*（W. W. Smith）melchior。位于云南省大理白族自治州永平县水泄彝族乡狮子窝村大河沟组，海拔2106 m；树型乔木型，树姿半开张，树高7.5 m，树幅4.6 m×5.0 m，最低分枝高0.7 m，基部干径0.6 cm，分枝密度中；芽叶色泽紫绿色、芽叶无茸毛，叶片着生状态水平，叶形卵圆形，叶色深绿色，叶片亮度发亮，平均叶片长宽10.0 cm×3.9 cm，叶面积27.3 cm^2，中叶，叶身内折，叶面微隆，叶缘平，叶基楔形，叶质中，叶尖渐尖，叶脉对数9~11对，叶齿锯齿形，叶齿密度稀，叶齿深度浅，叶齿锐度中，叶柄长1.6 cm、无茸毛，叶背主脉无茸毛；花萼5枚、无茸毛，花萼色泽绿色，花冠长宽4.0 cm×4.2 cm，花瓣9~11枚、花瓣色泽白色，花瓣长宽1.9 cm×2.2 cm，花瓣质地中，柱头开裂数5裂，雌雄蕊相对高度雌蕊低或等高，子房5室、有茸毛，花柱长度1.6 cm，花柱裂位低；果实形状球形或梅花形，果实大小3.2 cm×3.4 cm，果皮厚度0.1 cm；种子形状球形、半球形或不规则形，种径大小1.1 cm×1.1 cm，种皮色泽棕褐色，种子百粒重245.0 g；春茶一芽二叶晒青样水浸出物（WE）42.20 %、茶多酚（TP）15.60 %、氨基酸（AA）4.1 %、咖啡碱（C）3.6 %、儿茶素总量（TC）10.75 %、酚氨比值（TP/AA）3.80，适制普洱茶和绿茶。

171. 大河沟10号古茶树

学名：*Camellia taliensis*（W. W. Smith）melchior。位于云南省大理白族自治州永平县水泄彝族乡狮子窝村大河沟组，海拔2122 m；树型乔木型，树姿半开张，树高7.7 m，树幅5.0 m×5.8 m，最低分枝高0.4 m，基部干径0.8 cm，分枝密度中；芽叶色泽紫绿色、芽叶无茸毛，叶片着生状态水平，叶形卵圆形，叶色深绿色，叶片亮度发亮，平均叶片长宽11.0 cm×5.5 cm，叶面积42.4 cm^2，大叶，叶身内折，叶面微隆，叶缘微波，叶基楔形，叶质中，叶尖渐尖，叶脉对数10~11对，叶齿锯齿形，叶齿密度稀，叶齿深度浅，叶齿锐度中，叶柄长1.8 cm、无茸毛，叶背主脉无茸毛；花萼5枚、无茸毛，花萼色泽绿色，花冠长宽3.7 cm×3.3 cm，花瓣9~11枚，花瓣色泽白色，花瓣长宽1.9 cm×2.2 cm，花瓣质地中，柱头开裂数5裂，雌雄蕊相对高度雌蕊低或等高，子房5室、有茸毛，花柱长度1.5 cm，花柱裂位高；果实形状球形、四方形或梅花形，果实大小3.4 cm×3.0 cm，果皮厚度0.1 cm；种子形状球形、半球形或不规则形，种径大小1.1 cm×1.4 cm，种皮色泽棕褐色，种子百粒重258.0 g；春茶一芽二叶晒青样水浸出物（WE）53.60%、茶多酚（TP）19.10%、氨基酸（AA）3.40%、咖啡碱（C）2.30%、儿茶素总量（TC）13.56%、酚氨比值（TP/AA）5.62，适制普洱茶和绿茶。

172. 大核桃箐2号古茶树

学名：*Camellia taliensis*（W. W. Smith）melchior。位于云南省大理白族自治州弥渡县牛街彝族乡荣华村委会大核桃箐村，海拔2222 m；树型乔木型，树姿半开张，树高6.7 m，树幅5.0 m×4.9 m，最低分枝高2.2 m，基部干径0.5 m，分枝密度中；芽叶色泽紫绿色、芽叶无茸毛，叶片着生状态稍上斜，叶形近圆形，叶色深绿色，叶片亮度不亮，平均叶片长宽10.5 cm×6.0 cm，叶面积44.1 cm^2，大叶，叶身内折，叶面平，叶缘微波，叶基楔形，叶质中，叶尖急尖，叶脉对数8对，叶齿锯齿形，叶齿密度稀，叶齿深度深，叶齿锐度中，叶柄长1.9 cm、无茸毛，叶背主脉无茸毛；花萼5枚、无茸毛，花萼色泽绿色，花冠长宽6.4 cm×6.0 cm，花瓣11枚，花瓣色泽白色，花瓣长宽3.4 cm×2.7 cm，花瓣质地薄，柱头开裂数5裂，雌雄蕊相对高度等高，子房5室、有茸毛，花柱长度1.4 cm，花柱裂位中；果实形状球形、四方形或梅花形，果实大小1.6 cm×2.8 cm，果皮厚度0.1 cm；种子形状球形、半球形或不规则形，种径大小1.6 cm×1.4 cm，种皮色泽褐色，种子百粒重172.2 g；春茶一芽二叶晒青样水浸出物（WE）45.17 %、茶多酚（TP）20.86 %、氨基酸（AA）4.75 %、咖啡碱（C）2.19 %、儿茶素总量（TC）8.41 %、酚氨比值（TP/AA）4.39，适制普洱茶和绿茶。

173. 茶叶河1号古茶树

学名：*Camellia taliensis*（W. W. Smith）melchior。位于云南省大理白族自治州永平县水泄彝族乡狮子窝村茶叶河组，海拔2045 m；树型乔木型，树姿半开张，树高8.9 m，树幅5.8 m×6.3 m，最低分枝高0.5 m，基部干径0.9 m，分枝密度中；芽叶色泽紫绿色、芽叶无茸毛，叶片着生状态水平，叶形卵圆形，叶色深绿色，叶片亮度发亮，平均叶片长宽13.0 cm×5.7 cm，叶面积51.9 cm^2，大叶，叶身内折，叶面微隆，叶缘微波，叶基楔形，叶质中，叶尖渐尖，叶脉对数9~11对，叶齿锯齿形，叶齿密度稀，叶齿深度浅，叶齿锐度中，叶柄长1.4 cm、无茸毛，叶背主脉无茸毛；花萼5枚、无茸毛，花萼色泽绿色，花冠长宽3.9 cm×3.6 cm，花瓣9~11枚，花瓣色泽白色，花瓣长宽1.7 cm×2.1 cm，花瓣质地中，柱头开裂数5裂，雌雄蕊相对高度雌蕊低或等高，子房5室、有茸毛，花柱长度1.4 cm，花柱裂位中；果实形状球形、四方形或梅花形，果实大小3.8 cm×3.5 cm，果皮厚度0.2 cm；种子形状球形、半球形或不规则形，种径大小1.0 cm×1.2 cm，种皮色泽棕褐色，种子百粒重240.0 g；春茶一芽二叶晒青样水浸出物（WE）45.4 %、茶多酚（TP）15.9 %，氨基酸（AA）4.3 %、咖啡碱（C）3.4 %、儿茶素总量（TC）9.74 %、酚氨比值（TP/AA）3.70，适制普洱茶、红茶和绿茶。

174. 茶叶河2号古茶树

学名：*Camellia taliensis*（W. W. Smith）melchior。位于云南省大理白族自治州永平县水泄彝族乡狮子窝村茶叶河组，海拔2040 m；树型乔木型，树姿半开张，树高7.0 m，树幅4.9 m×5.6 m，最低分枝高0.6 m，基部干径0.9 m，分枝密度中；芽叶色泽紫绿色、芽叶无茸毛，叶片着生状态水平，叶形卵圆形，叶色深绿色，叶片亮度发亮，平均叶片长宽11.5 cm×5.3 cm，叶面积42.7 cm^2，大叶，叶身内折，叶面微隆，叶缘平，叶基楔形，叶质中，叶尖渐尖，叶脉对数9~11对，叶齿锯齿形，叶齿密度稀，叶齿深度浅，叶齿锐度中，叶柄长1.6 cm、无茸毛，叶背主脉无茸毛；花萼5枚、无茸毛，花萼色泽绿色，花冠长宽3.5 cm×3.2 cm，花瓣9~11枚、花瓣色泽白色，花瓣长宽1.9 cm×2.1 cm，花瓣质地中，柱头开裂数5裂，雌雄蕊相对高度雌蕊低或等高，子房5室、有茸毛，花柱长度1.5 cm，花柱裂位高；果实形状球形或梅花形，果实大小3.1 cm×3.4 cm，果皮厚度0.1 cm；种子形状球形或不规则形，种径大小1.0 cm×1.4 cm，种皮色泽棕褐色，种子百粒重245.0 g；春茶一芽二叶晒青样水浸出物（WE）48.9 %、茶多酚（TP）19.90 %，氨基酸（AA）3.2 %、咖啡碱（C）2.6 %、儿茶素总量（TC）10.35 %、酚氨比值（TP/AA）6.22，适制普洱茶和绿茶。

175. 金河村 2 号古茶树

学名：*Camellia taliensis*（W. W. Smith）melchior。位于云南省大理白族自治州永平县杉阳镇金河村大坪子组，海拔2022 m；树型乔木型，树姿半开张，树高6.0 m，树幅3.0 m×4.0 m，最低分枝高1.0 m，基部干径0.4 m，分枝密度中；芽叶色泽紫绿色、芽叶无茸毛，叶片着生状态水平，叶形卵圆形，叶色深绿色，叶片亮度发亮，平均叶片长宽11.1 cm×5.4 cm，叶面积42.0 cm^2，大叶，叶身内折，叶面微隆，叶缘微波，叶基楔形，叶质中，叶尖渐尖，叶脉对数9~11对，叶齿锯齿形，叶齿密度稀，叶齿深度浅，叶齿锐度中，叶柄长1.8 cm、无茸毛，叶背主脉无茸毛；花萼5枚、无茸毛，花萼色泽绿色，花冠长宽3.9 cm×3.3 cm，花瓣9~11枚，花瓣色泽白色，花瓣长宽1.8 cm×2.0 cm，花瓣质地中，柱头开裂数5裂，雌雄蕊相对高度雌蕊低或等高，子房5室、有茸毛，花柱长度1.5 cm，花柱裂位中；果实形状球形、四方形或梅花形，果实大小3.7 cm×3.1 cm，果皮厚度0.1 cm；种子形状球形、半球形或不规则形，种径大小1.1 cm×1.4 cm，种皮色泽棕褐色，种子百粒重230.0 g；春茶一芽二叶晒青样水浸出物（WE）51.5 %、茶多酚（TP）20.6 %、氨基酸（AA）3.0 %、咖啡碱（C）2.6 %、儿茶素总量（TC）11.33 %、酚氨比值（TP/AA）6.87，适制普洱茶和绿茶。

176. 崩龙山 1 号古茶树

学名：*Camellia taliensis*（W. W. Smith）melchior。位于云南省德宏傣族景颇族自治州瑞丽市户育乡芒海山村民小组崩龙山，海拔1360 m；树型乔木型，树姿半开张，树高8.5 m，树幅7.4 m×6.8 m，最低分枝高0.5 m，基部干径0.6 m，分枝密度中；芽叶色泽黄绿色、芽叶无茸毛，叶片着生状态稍上斜，叶形长椭圆形，叶色绿色，叶片亮度发亮，平均叶片长宽14.3 cm×6.2 cm，叶面积62.1 cm^2，特大叶，叶身内折，叶面微隆，叶缘微波，叶基楔形，叶质柔软，叶尖渐尖，叶脉对数7对，叶齿锯齿形，叶齿密度稀，叶齿深度浅，叶齿锐度钝，叶柄长0.8 cm、无茸毛，叶背主脉无茸毛；花萼5枚、无茸毛，花萼色泽绿色，花冠长宽3.2 cm×5.0 cm，花瓣10枚，花瓣色泽白色，花瓣长宽1.1 cm×1.3 cm，花瓣质地中，柱头开裂数5裂，雌雄蕊相对高度雌蕊高，子房5室、无茸毛，花柱长度1.6 cm，花柱裂位低；果实形状球形、三角形、四方形或梅花形，果实大小3.3 cm×3.1 cm，果皮厚度0.3 cm；种子形状球形、半球形或不规则形，种径大小1.4 cm×1.4 cm，种皮色泽棕色或褐色，种子百粒重83.0 g；春茶一芽二叶烘青样水浸出物（WE）49.4 %、茶多酚（TP）23.0 %、氨基酸（AA）4.5 %、咖啡碱（C）3.1 %、儿茶素总量（TC）4.3 %、酚氨比值（TP/AA）5.1，适制普洱茶和红茶。

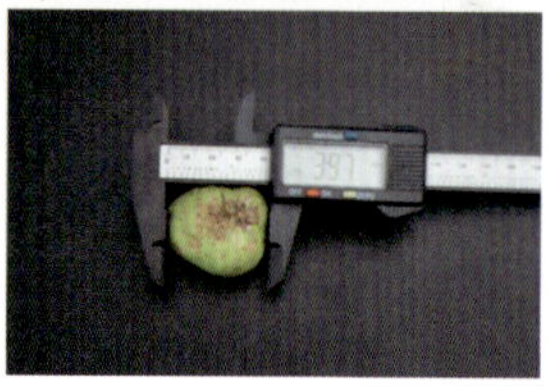

177. 皮家寨大茶树

学名：*Camellia taliensis*（W. W. Smith）melchior。位于云南省德宏傣族景颇族自治州瑞丽市勐秀乡小街村委会皮家寨村民小组，海拔1712 m；树型灌木型，树姿半开张，树高6.0 m，树幅6.0 m×6.4 m，最低分枝高0.2 m，基部干径0.8 m，分枝密度密；芽叶色泽绿色、芽叶无茸毛，叶片着生状态稍上斜，叶形椭圆形，叶色绿色，叶片亮度发亮，平均叶片长宽15.3 cm×5.6 cm，叶面积60.0 cm^2，特大叶，叶身内折，叶面微隆，叶缘微波，叶基楔形，叶质硬，叶尖渐尖，叶脉对数10对，叶齿锯齿形，叶齿密度稀，叶齿深度浅，叶齿锐度钝，叶柄长0.7 cm、无茸毛，叶背主脉无茸毛；花萼5枚、无茸毛，花萼色泽绿色，花冠长宽3.8 cm×2.3 cm，花瓣6枚，花瓣色泽白色，花瓣长宽1.4 cm×1.2 cm，花瓣质地中，柱头开裂数5裂，雌雄蕊相对高度等高，子房5室、有茸毛，花柱长度1.5 cm，花柱裂位低；果实形状球形、四方形或梅花形，果实大小4.0 cm×4.0 cm，果皮厚度0.2 cm；种子形状球形、半球形或不规则形，种径大小1.4 cm×1.4 cm，种皮色泽棕色，种子百粒重121.6 g；春茶一芽二叶烘青样水浸出物（WE）47.9 %、茶多酚（TP）18.5 %、氨基酸（AA）2.5 %、咖啡碱（C）1.8 %、儿茶素总量（TC）7.14 %、酚氨比值（TP/AA）7.4，适制普洱茶和红茶。

178. 内么朵山大茶树

学名：*Camellia taliensis*（W. W. Smith）melchior。位于云南省德宏傣族景颇族自治州瑞丽市弄岛镇等嘎村委会斑遵山村民小组内么朵山，海拔1086 m；树型乔木型，树姿半开张，树高14.2 m，树幅9.7 m×9.5 m，最低分枝高0.5 m，基部干径1.1 m，分枝密度稀；芽叶色泽绿色、芽叶无茸毛，叶片着生状态稍上斜，叶形长椭圆形，叶色绿色，叶片亮度不亮，平均叶片长宽13.1 cm×5.3 cm，叶面积48.6 cm^2，大叶，叶身内折，叶面微隆，叶缘微波，叶基楔形，叶质中，叶尖急尖，叶脉对数9对，叶齿锯齿形，叶齿密度稀，叶齿深度浅，叶齿锐度中，叶柄长0.7 cm、无茸毛，叶背主脉无茸毛；花萼5枚、有茸毛，花萼色泽绿色，花冠长宽4.3 cm×3.8 cm，花瓣6~7枚，花瓣色泽白色，花瓣长宽1.3 cm×1.5 cm，花瓣质地厚，柱头开裂数3裂或4裂，雌雄蕊相对高度等高，子房3室或4室、有茸毛，花柱长度1.3 cm，花柱裂位中；果实形状球形或肾形，果实大小3.5 cm×3.4 cm，果皮厚度0.3 cm；种子形状球形、半球形或不规则形，种径大小1.4 cm×1.6 cm，种皮色泽棕色或棕褐色，种子百粒重114.7 g；春茶一芽二叶烘青样水浸出物（WE）48.7 %、茶多酚（TP）19.6 %、氨基酸（AA）4.6 %、咖啡碱（C）3.2 %、儿茶素总量（TC）3.31 %、酚氨比值（TP/AA）4.26，适制普洱茶和红茶。

179. 等嘎1号大茶树

学名：*Camellia taliensis*（W. W. Smith）melchior。位于云南省德宏傣族景颇族自治州瑞丽市弄岛镇等嘎村委会等嘎村民小组，海拔1122 m；树型乔木型，树姿开张，树高5.5 m，树幅6.8 m×7.6 m，最低分枝高0.2 m，基部干径2.2 m，分枝密度密；芽叶色泽黄绿色、芽叶无茸毛，叶片着生状态稍上斜，叶形长椭圆形，叶色绿色，叶片亮度不亮，平均叶片长宽12.5 cm×4.8 cm，叶面积42.0 cm^2，大叶，叶身内折，叶面微隆，叶缘微波，叶基楔形，叶质中，叶尖渐尖，叶脉对数12对，叶齿锯齿形，叶齿密度稀，叶齿深度浅，叶齿锐度钝，叶柄长0.5 cm、无茸毛，叶背主脉无茸毛；花萼5枚、无茸毛，花萼色泽绿色，花冠长宽5.2 cm×4.1 cm，花瓣6~7枚，花瓣色泽色白色，花瓣长宽1.3 cm×1.6 cm，花瓣质地厚，柱头开裂数4裂，雌雄蕊相对高度等高，子房4室、有茸毛，花柱长度1.7 cm，花柱裂位中；果实形状球形、肾形、三角形或四方形，果实大小2.7 cm×3.3 cm，果皮厚度0.3 cm；种子形状球形、半球形或不规则形，种径大小1.6 cm×1.4 cm，种皮色泽棕色或棕褐色，种子百粒重138.3 g；春茶一芽二叶烘青样水浸出物（WE）49.6 %、茶多酚（TP）21.9 %、氨基酸（AA）2.6 %、咖啡碱（C）3.0 %、儿茶素总量（TC）9.14 %、酚氨比值（TP/AA）8.42，适制普洱茶和红茶。

180. 雷弄山老寨大茶树

学名：*Camellia taliensis*（W. W. Smith）melchior。位于云南省德宏傣族景颇族自治州瑞丽市户育乡雷弄村委会雷弄村民小组雷弄山老寨，海拔1165 m；树型乔木型，树姿直立，树高15.6 m，树幅8.5 m×8.0 m，最低分枝高0.5 m，基部干径0.8 m，分枝密度中；芽叶色泽绿色、芽叶茸毛少，叶片着生状态稍上斜，叶形长椭圆形，叶色淡绿色，叶片亮度不亮，平均叶片长宽12.7 cm×5.6 cm，叶面积49.8 cm^2，大叶，叶身平，叶面微隆，叶缘微波，叶基楔形，叶质柔软，叶尖渐尖，叶脉对数8对，叶齿锯齿形，叶齿密度中，叶齿深度中，叶齿锐度中，叶柄长0.8 cm、无茸毛，叶背主脉无茸毛；花萼5枚、无茸毛，花萼色泽绿色，花冠长宽4.8 cm×3.7 cm，花瓣7枚，花瓣色泽白色，花瓣长宽1.3 cm×1.5 cm，花瓣质地中，柱头开裂数4裂，雌雄蕊相对高度雌蕊高，子房4室、有茸毛，花柱长度1.5 cm，花柱裂位中；果实形状球形、肾形或四方形，果实大小3.1 cm×3.3 cm，果皮厚度0.2 cm；种子形状球形、半球形、似肾形或不规则形，种径大小1.4 cm×1.3 cm，种皮色泽棕色、棕褐色或褐色，种子百粒重103.8 g；春茶一芽二叶烘青样水浸出物（WE）45.0%、茶多酚（TP）18.5%、氨基酸（AA）4.4%、咖啡碱（C）4.3%、儿茶素总量（TC）10.10%、酚氨比值（TP/AA）4.20，适制普洱茶和红茶。

181. 六宫寨1号大茶树

学名：*Camellia taliensis*（W. W. Smith）melchior。位于云南省德宏傣族景颇族自治州陇川县景罕镇曼面村委会曼面山六宫寨，海拔1950 m；树型乔木型，树姿直立，树高9.2 m，树幅4.6 m×4.4 m，最低分枝高0.4 m，基部干径2.3 m，分枝密度中；芽叶色泽绿色、芽叶无茸毛，叶片着生状态稍上斜，叶形长椭圆形，叶色绿色，叶片亮度发亮，平均叶片长宽12.4 cm×5.9 cm，叶面积51.2 cm^2，大叶，叶身内折，叶面微隆，叶缘微波，叶基楔形，叶质柔软，叶尖钝尖，叶脉对数8对，叶齿锯齿形，叶齿密度稀，叶齿深度浅，叶齿锐度钝，叶柄长0.5 cm、无茸毛，叶背主脉无茸毛；花萼5枚、有茸毛，花萼色泽绿色，花冠长宽3.9 cm×3.2 cm，花瓣6~7枚，花瓣色泽白色，花瓣长宽1.3 cm×1.5 cm，花瓣质地中，柱头开裂数3裂，雌雄蕊相对高度等高，子房3室、有茸毛，花柱长度1.4 cm，花柱裂位中；果实形状球形、肾形或三角形，果实大小3.3 cm×3.6 cm，果皮厚度0.1 cm；种子形状球形、半球形或不规则形，种径大小1.3 cm×1.4 cm，种皮色泽棕色或棕褐色，种子百粒重122.3 g；春茶一芽二叶烘青样水浸出物（WE）45.9%、茶多酚（TP）16.0%、氨基酸（AA）2.7%、咖啡碱（C）1.5%、儿茶素总量（TC）6.45%、酚氨比值（TP/AA）5.93，适制普洱茶和红茶。

182. 六宫寨2号大茶树

学名：*Camellia taliensis*（W. W. Smith）melchior。位于云南省德宏傣族景颇族自治州陇川县景罕镇曼面村委会曼面山六宫寨，海拔2052 m；树型乔木型，树姿直立，树高6.8 m，树幅4.1 m×3.6 m，最低分枝高0.2 m，基部干径2.8 m，分枝密度密；芽叶色泽黄绿色、芽叶无茸毛，叶片着生状态稍上斜，叶形长椭圆形，叶色黄绿色，叶片亮度发亮，平均叶片长宽9.6 cm×4.3 cm，叶面积29.0 cm^2，中叶，叶身内折，叶面微隆，叶缘微波，叶基楔形，叶质柔软，叶尖渐尖，叶脉对数7对，叶齿锯齿形，叶齿密度稀，叶齿深度浅，叶齿锐度中，叶柄长0.6 cm、无茸毛，叶背主脉无茸毛；花萼5枚、有茸毛，花萼色泽白色，花冠长宽4.1 cm×3.8 cm，花瓣6~7枚，花瓣色泽淡绿色，花瓣长宽1.6 cm×1.3 cm，花瓣质地中，柱头开裂数4裂，雌雄蕊相对高度雌蕊高，子房4室、有茸毛，花柱长度1.5 cm，花柱裂位中；果实形状球形、肾形、三角形或四方形，果实大小3.2 cm×3.4 cm，果皮厚度0.2 cm；种子形状球形、半球形或不规则形，种径大小1.4 cm×1.3 cm，种皮色泽棕色或褐色，种子百粒重118.9 g；春茶一芽二叶烘青样水浸出物（WE）45.1 %、茶多酚（TP）20.2 %、氨基酸（AA）2.8 %、咖啡碱（C）1.9 %、儿茶素总量（TC）7.29 %、酚氨比值（TP/AA）7.21，适制普洱茶和红茶。

183. 樱花谷2号大茶树

学名：*Camellia taliensis*（W. W. Smith）melchior。位于云南省德宏傣族景颇族自治州陇川县勐约乡瓦慕村委会双降村民小组樱花谷，海拔2003 m；树型小乔木型，树姿半开张，树高6.2 m，树幅4.7 m×3.8 m，最低分枝高0.4 m，基部干径1.3 m，分枝密度密；芽叶色泽淡绿色、芽叶无茸毛，叶片着生状态稍上斜，叶形长椭圆形，叶色绿色，叶片亮度发亮，平均叶片长宽14.7 cm×5.6 cm，叶面积57.6 cm^2，大叶，叶身内折，叶面微隆，叶缘微波，叶基楔形，叶质柔软，叶尖渐尖，叶脉对数10对，叶齿锯齿形，叶齿密度中，叶齿深度浅，叶齿锐度钝，叶柄长1.3 cm、无茸毛，叶背主脉无茸毛；花萼5枚、无茸毛，花萼色泽绿色，花冠长宽4.9 cm×4.4 cm，花瓣6枚，花瓣色泽白色，花瓣长宽1.4 cm×1.2 cm，花瓣质地中，柱头开裂数4裂或5裂，雌雄蕊相对高度等高，子房4室或5室、有茸毛，花柱长度1.5 cm，花柱裂位低；果实形状球形、四方形或梅花形，果实大小3.2 cm×2.8 cm，果皮厚度0.1 cm；种子形状球形、半球形或不规则形，种径大小1.3 cm×1.5 cm，种皮色泽棕色或棕褐色，种子百粒重112.3 g；春茶一芽二叶烘青样水浸出物（WE）47.1%、茶多酚（TP）16.7%、氨基酸（AA）3.0%、咖啡碱（C）1.7%、儿茶素总量（TC）5.21%、酚氨比值（TP/AA）5.57，适制普洱茶和红茶。

184. 风吹坡大茶树

学名：*Camellia taliensis*（W. W. Smith）melchior。位于云南省德宏傣族景颇族自治州陇川县王子树乡小牛上寨村民小组风吹坡，海拔1983 m；树型乔木型，树姿开张，树高7.4 m，树幅5.6 m×4.6 m，最低分枝高0.1 m，基部干径2.8 m，分枝密度中；芽叶色泽绿色、芽叶无茸毛，叶片着生状态稍上斜，叶形长椭圆形，叶色绿色，叶片亮度不亮，平均叶片长宽11.4 cm×4.1 cm，叶面积32.7 cm^2，中叶，叶身平，叶面微隆，叶缘微波，叶基楔形，叶质中，叶尖渐尖，叶脉对数8对，叶齿锯齿形，叶齿密度中，叶齿深度中，叶齿锐度中，叶柄长1.3 cm、无茸毛，叶背主脉无茸毛；花萼5枚、无茸毛，花萼色泽绿色，花冠长宽5.8 cm×5.3 cm，花瓣8枚，花瓣色泽白色，花瓣长宽1.4 cm×1.1 cm，花瓣质地厚，柱头开裂数3裂或5裂，雌雄蕊相对高度等高，子房3室或5室、有茸毛，花柱长度1.9 cm，花柱裂位高；果实形状球形、肾形、三角形或梅花形，果实大小2.5 cm×3.1 cm，果皮厚度0.1 cm；种子形状球形、似肾形或不规则形，种径大小1.2 cm×1.4 cm，种皮色泽棕色或棕褐色，种子百粒重109.5 g；春茶一芽二叶烘青样水浸出物（WE）40.5 %、茶多酚（TP）16.2 %、氨基酸（AA）3.9 %、咖啡碱（C）1.9 %、儿茶素总量（TC）8.13 %、酚氨比值（TP/AA）4.15，适制普洱茶和红茶。

185. 刺竹凹大茶树

学名：*Camellia taliensis*（W. W. Smith）melchior。位于云南省德宏傣族景颇族自治州陇川县王子树乡小牛上寨村民小组刺竹凹，海拔1941 m；树型乔木型，树姿直立，树高20.0 m，树幅7.5 m×8.1 m，最低分枝高1.0 m，基部干径1.9 m，分枝密度稀；芽叶色泽黄绿色、芽叶无茸毛，叶片着生状态稍上斜，叶形长椭圆形，叶色绿色，叶片亮度发亮，平均叶片长宽14.9 cm×5.3 cm，叶面积55.3 cm^2，大叶，叶身稍背卷，叶面微隆，叶缘微波，叶基楔形，叶质柔软，叶尖渐尖，叶脉对数12对，叶齿锯齿形，叶齿密度中，叶齿深度中，叶齿锐度中，叶柄长1.3 cm、无茸毛，叶背主脉无茸毛；花萼5枚、无茸毛，花萼色泽绿色，花冠长宽3.8 cm×3.3 cm，花瓣6枚，花瓣色泽白色，花瓣长宽1.8 cm×1.5 cm，花瓣质地中，柱头开裂数5裂，雌雄蕊相对高度雌蕊低，子房5室、有茸毛，花柱长度1.3 cm，花柱裂位低；果实形状球形、肾形或梅花形，果实大小3.1 cm×2.8 cm，果皮厚度0.1 cm；种子形状球形、半球形、似肾形或不规则形，种径大小1.3 cm×1.5 cm，种皮色泽棕色或棕褐色，种子百粒重121.5 g；春茶一芽二叶烘青样水浸出物（WE）41.3 %、茶多酚（TP）15.9 %、氨基酸（AA）3.4 %、咖啡碱（C）1.7 %、儿茶素总量（TC）6.99 %、酚氨比值（TP/AA）4.68，适制普洱茶和红茶。

186. 窦家寨 1 号大茶树

学名：*Camellia taliensis*（W. W. Smith）melchior。位于云南省德宏傣族景颇族自治州陇川县护国乡边河村窦家寨村民小组，海拔1716 m；树型乔木型，树姿直立，树高11.6 m，树幅4.5 m×4.7 m，最低分枝高0.3 m，基部干径1.4 m，分枝密度中；芽叶色泽绿色、芽叶无茸毛，叶片着生状态稍上斜，叶形长椭圆形，叶色绿色，叶片亮度发亮，平均叶片长宽11.3 cm×4.4 cm，叶面积34.8 cm^2，中叶，叶身平，叶面平，叶缘微波，叶基楔形，叶质中，叶尖渐尖，叶脉对数7对，叶齿锯齿形，叶齿密度稀，叶齿深度浅，叶齿锐度钝，叶柄长0.7 cm、无茸毛，叶背主脉无茸毛；花萼5枚、无茸毛，花萼色泽绿色，花冠长宽4.1 cm×3.8 cm，花瓣7枚，花瓣色泽淡绿色，花瓣长宽1.6 cm×1.3 cm，花瓣质地中，柱头开裂数5裂，雌雄蕊相对高度雌蕊低，子房5室、无茸毛，花柱长度1.4 cm，花柱裂位高；果实形状球形、三角形、四方形或梅花形，果实大小2.9 cm×3.2 cm，果皮厚度0.1 cm；种子形状球形、半球形或不规则形，种径大小4.1 cm×4.0 cm，种皮色泽棕色或褐色，种子百粒重113.4 g；春茶一芽二叶烘青样水浸出物（WE）44.2 %、茶多酚（TP）18.0 %、氨基酸（AA）3.3 %、咖啡碱（C）2.8 %、儿茶素总量（TC）11.13 %、酚氨比值（TP/AA）5.45，适制普洱茶和红茶。

187. 窦家寨2号大茶树

学名：*Camellia taliensis*（W. W. Smith）melchior。位于云南省德宏傣族景颇族自治州陇川县护国乡边河村窦家寨村民小组，海拔1753 m；树型乔木型，树姿半开张，树高5.8 m，树幅4.3 m×4.4 m，最低分枝高0.4 m，基部干径1.5 m，分枝密度中；芽叶色泽黄绿色、芽叶无茸毛，叶片着生状态稍上斜，叶形长椭圆形，叶色绿色，叶片亮度发亮，平均叶片长宽12.5 cm×5.2 cm，叶面积45.5 cm^2，大叶，叶身内折，叶面微隆，叶缘微波，叶基楔形，叶质中，叶尖渐尖，叶脉对数7对，叶齿锯齿形，叶齿密度中，叶齿深度浅，叶齿锐度中，叶柄长0.9 cm、无茸毛，叶背主脉无茸毛；花萼5枚、无茸毛，花萼色泽绿色，花冠长宽4.2 cm×3.5 cm，花瓣7枚，花瓣色泽白色，花瓣长宽1.3 cm×1.6 cm，花瓣质地中，柱头开裂数3裂，雌雄蕊相对高度雌蕊高，子房3室、有茸毛，花柱长度1.4 cm，花柱裂位低；果实形状球形、肾形、三角形或四方形，果实大小3.3 cm×2.9 cm，果皮厚度0.1 cm；种子形状球形、半球形或不规则形，种径大小1.3 cm×1.4 cm，种皮色泽棕色或棕褐色，种子百粒重114.6 g；春茶一芽二叶烘青样水浸出物（WE）35.1 %、茶多酚（TP）11.7 %、氨基酸（AA）3.7 %、咖啡碱（C）1.7 %、儿茶素总量（TC）4.17 %、酚氨比值（TP/AA）3.16，适制普洱茶和红茶。

188. 十八岔 1 号大茶树

学名：*Camellia taliensis*（W. W. Smith）melchior。位于云南省德宏傣族景颇族自治州盈江县太平乡龙盆村委会十八岔村民小组，海拔1970 m；树型乔木型，树姿直立，树高6.3 m，树幅5.6 m×6.0 m，最低分枝高0.1 m，基部干径2.3. m，分枝密度中；芽叶色泽绿色、芽叶无茸毛，叶片着生状态稍上斜，叶形长椭圆形，叶色绿色，叶片亮度不亮，平均叶片长宽16.0 cm×7.6 cm，叶面积85.1 cm^2，特大叶，叶身内折，叶面微隆，叶缘微波，叶基楔形，叶质硬，叶尖渐尖，叶脉对数8对，叶齿锯齿形，叶齿密度稀，叶齿深度浅，叶齿锐度钝，叶柄长1.1 cm、无茸毛，叶背主脉无茸毛；花萼5枚、无茸毛，花萼色泽绿色，花冠长宽4.2 cm×3.7 cm，花瓣8枚，花瓣色泽白色，花瓣长宽1.7 cm×1.4 cm，花瓣质地中，柱头开裂数4裂或5裂，雌雄蕊相对高度雌蕊低，子房4室或5室、有茸毛，花柱长度1.3 cm，花柱裂位中；果实形状球形、肾形、四方形或梅花形，果实大小2.9 cm×3.3 cm，果皮厚度0.1 cm；种子形状球形、半球形或不规则形，种径大小1.3 cm×1.4 cm，种皮色泽棕色或褐色，种子百粒重106.5 g；春茶一芽二叶烘青样水浸出物（WE）45.5 %、茶多酚（TP）18.4 %、氨基酸（AA）3.5 %、咖啡碱（C）2.5 %、儿茶素总量（TC）12.43 %、酚氨比值（TP/AA）5.26，适制普洱茶和红茶。

189. 十八岔2号大茶树

学名：*Camellia taliensis*（W. W. Smith）melchior。位于云南省德宏傣族景颇族自治州盈江县太平乡龙盆村委会十八岔村民小组，海拔1961 m；树型乔木型，树姿直立，树高9.6 m，树幅6.3 m×5.9 m，最低分枝高0.2 m，基部干径2.4 m，分枝密度中；芽叶色泽绿色、芽叶无茸毛，叶片着生状态稍上斜，叶形长椭圆形，叶色深绿色，叶片亮度不亮，平均叶片长宽13.8 cm×6.2 cm，叶面积60.0 cm^2，特大叶，叶身平，叶面微隆，叶缘微波，叶基楔形，叶质中，叶尖渐尖，叶脉对数8对，叶齿锯齿形，叶齿密度稀，叶齿深度浅，叶齿锐度钝，叶柄长1.0 cm、无茸毛，叶背主脉无茸毛；花萼5枚、无茸毛，花萼色泽绿色，花冠长宽3.8 cm×3.3 cm，花瓣7枚，花瓣色泽白色，花瓣长宽1.6 cm×1.3 cm，花瓣质地厚，柱头开裂数4裂，雌雄蕊相对高度等高，子房4室、无茸毛，花柱长度1.3 cm，花柱裂位低；果实形状球形、肾形、三角形或四方形，果实大小3.1 cm×3.3 cm，果皮厚度0.2 cm；种子形状球形、半球形或不规则形，种径大小1.3 cm×1.3 cm，种皮色泽棕色或褐色，种子百粒重102.5 g；春茶一芽二叶烘青样水浸出物（WE）42.0 %、茶多酚（TP）18.2 %、氨基酸（AA）3.3 %、咖啡碱（C）2.2 %、儿茶素总量（TC）9.62 %、酚氨比值（TP/AA）5.52，适制普洱茶和红茶。

190. 山木笼村薄叶茶

学名：*Camellia taliensis*（W. W. Smith）melchior。位于云南省德宏傣族景颇族自治州盈江县昔马镇团结村委会山木笼村，海拔2001 m；树型乔木型，树姿直立，树高8.2 m，树幅3.3 m×2.9 m，最低分枝高0.1 m，基部干径2.7 m，分枝密度中；芽叶色泽黄绿色、芽叶无茸毛，叶片着生状态稍上斜，叶形长椭圆形，叶色绿色，叶片亮度发亮，平均叶片长宽12.2 cm×4.7 cm，叶面积40.1 cm^2，大叶，叶身平，叶面微隆，叶缘微波，叶基楔形，叶质柔软，叶尖渐尖，叶脉对数8对，叶齿锯齿形，叶齿密度密，叶齿深度浅，叶齿锐度中，叶柄长0.8 cm、无茸毛，叶背主脉无茸毛；花萼5枚、无茸毛，花萼色泽绿色，花冠长宽4.1 cm×3.7 cm，花瓣6枚，花瓣色泽白色，花瓣长宽1.9 cm×1.6 cm，花瓣质地中，柱头开裂数3裂或4裂，雌雄蕊相对高度等高，子房3室或4室、有茸毛，花柱长度1.4 cm，花柱裂位中；果实形状球形、肾形、三角形或四方形，果实大小2.9 cm×3.1 cm，果皮厚度0.1 cm；种子形状球形、半球形或不规则形，种径大小1.2 cm×1.3 cm，种皮色泽棕色或棕褐色，种子百粒重112.4 g；春茶一芽二叶烘青样水浸出物（WE）49.2 %、茶多酚（TP）18.6 %、氨基酸（AA）3.1 %、咖啡碱（C）2.0 %、儿茶素总量（TC）7.76 %、酚氨比值（TP/AA）6.00，适制普洱茶和红茶。

191. 山木笼村1号大茶树

学名：*Camellia taliensis*（W. W. Smith）melchior。位于云南省德宏傣族景颇族自治州盈江县昔马镇团结村委会山木笼村，海拔1906 m；树型乔木型，树姿半开张，树高8.9 m，树幅4.2 m×3.9 m，最低分枝高1.0 m，基部干径1.1 m，分枝密度中；芽叶色泽黄绿色、芽叶无茸毛，叶片着生状态稍上斜，叶形长椭圆形，叶色深绿色，叶片亮度发亮，平均叶片长宽12.1 cm×4.0 cm，叶面积33.9 cm^2，中叶，叶身内折，叶面微隆，叶缘微波，叶基楔形，叶质中，叶尖钝尖，叶脉对数8对，叶齿锯齿形，叶齿密度稀，叶齿深度浅，叶齿锐度中，叶柄长1.0 cm、无茸毛，叶背主脉无茸毛；花萼5枚，无茸毛，花萼色泽绿色，花冠长宽4.1 cm×3.9 cm，花瓣6枚，花瓣色泽白色，花瓣长宽1.7 cm×1.4 cm，花瓣质地中，柱头开裂数4裂或5裂，雌雄蕊相对高度等高，子房4室或5室、有茸毛，花柱长度1.3 cm，花柱裂位中；果实形状球形、肾形、四方形或梅花形，果实大小3.4 cm×3.0 cm，果皮厚度0.3 cm；种子形状球形、半球形或不规则形，种径大小1.5 cm×1.6 cm，种皮色泽棕色或褐色，种子百粒重103.6 g；春茶一芽二叶烘青样水浸出物（WE）40.9 %、茶多酚（TP）16.0 %、氨基酸（AA）2.8 %、咖啡碱（C）1.5 %、儿茶素总量（TC）11.24 %、酚氨比值（TP/AA）5.71，适制普洱茶和红茶。

192. 龙盆1号大茶树

学名：*Camellia taliensis*（W. W. Smith）melchior。位于云南省德宏傣族景颇族自治州盈江县昔马镇龙盆村委会，海拔1714 m；树型乔木型，树姿直立，树高9.6 m，树幅4.5 m×4.3 m，最低分枝高0.8 m，基部干径1.8 m，分枝密度中；芽叶色泽黄绿色、芽叶无茸毛，叶片着生状态稍上斜，叶形椭圆形，叶色深绿色，叶片亮度发亮，平均叶片长宽14.0 cm×5.2 cm，叶面积51.0 cm^2，大叶，叶身内折，叶面微隆，叶缘微波，叶基楔形，叶质柔软，叶尖渐尖，叶脉对数10对，叶齿锯齿形，叶齿密度稀，叶齿深度浅，叶齿锐度钝，叶柄长1.1 cm、无茸毛，叶背主脉无茸毛；花萼5枚、无茸毛，花萼色泽绿色，花冠长宽4.2 cm×3.9 cm，花瓣7枚，花瓣色泽白色，花瓣长宽1.7 cm×1.4 cm，花瓣质地中，柱头开裂数3裂，雌雄蕊相对高度雌蕊高，子房3室、有茸毛，花柱长度1.3 cm，花柱裂位中；果实形状球形、肾形、三角形或四方形，果实大小3.6 cm×3.6 cm，果皮厚度0.1 cm；种子形状球形、半球形或不规则形，种径大小1.5 cm×1.4 cm，种皮色泽褐色或棕褐色，种子百粒重152.4 g；春茶一芽二叶烘青样水浸出物（WE）45.7%、茶多酚（TP）17.0%、氨基酸（AA）3.9%、咖啡碱（C）2.9%、儿茶素总量（TC）5.46%、酚氨比值（TP/AA）4.36，适制普洱茶和红茶。

193. 龙盆2号大茶树

学名：*Camellia taliensis*（W. W. Smith）melchior。位于云南省德宏傣族景颇族自治州盈江县昔马镇龙盆村委会，海拔1700 m；树型乔木型，树姿直立，树高8.8 m，树幅6.1 m×5.8 m，最低分枝高0.1 m，基部干径1.5 m，分枝密度稀；芽叶色泽黄绿色、芽叶无茸毛，叶片着生状态稍上斜，叶形长椭圆形，叶色淡绿色，叶片亮度发亮，平均叶片长宽11.9 cm×3.9 cm，叶面积32.5 cm^2，中叶，叶身内折，叶面微隆，叶缘微波，叶基楔形，叶质柔软，叶尖钝尖，叶脉对数8对，叶齿锯齿形，叶齿密度稀，叶齿深度浅，叶齿锐度钝，叶柄长0.9 cm、无茸毛，叶背主脉无茸毛；花萼5枚、无茸毛，花萼色泽绿色，花冠长宽3.9 cm×3.1 cm，花瓣6枚，花瓣色泽淡绿色，花瓣长宽1.5 cm×1.2 cm，花瓣质地中，柱头开裂数4裂，雌雄蕊相对高度等高，子房4室、有茸毛，花柱长度1.4 cm，花柱裂位高；果实形状球形、肾形、三角形或梅花形，果实大小3.3 cm×2.9 cm，果皮厚度0.1 cm；种子形状球形、半球形或不规则形，种径大小1.4 cm×1.2 cm，种皮色泽棕色或棕褐色，种子百粒重113.6 g；春茶一芽二叶烘青样水浸出物（WE）43.7 %、茶多酚（TP）15.9 %、氨基酸（AA）4.3 %、咖啡碱（C）3.0 %、儿茶素总量（TC）7.00 %、酚氨比值（TP/AA）3.70，适制普洱茶和红茶。

194. 陇中1号大茶树

学名：*Camellia taliensis*（W. W. Smith）melchior。位于云南省德宏傣族景颇族自治州盈江县平原镇陇中村委会，海拔2019 m；树型乔木型，树姿直立，树高10.8 m，树幅6.5 m×4.2 m，最低分枝高0.2 m，基部干径2.7 m，分枝密度密；芽叶色泽黄绿色、芽叶无茸毛，叶片着生状态稍上斜，叶形长椭圆形，叶色绿色，叶片亮度发亮，平均叶片长宽9.9 cm×4.4 cm，叶面积30.5 cm^2，中叶，叶身内折，叶面微隆，叶缘微波，叶基楔形，叶质硬，叶尖渐尖，叶脉对数8对，叶齿锯齿形，叶齿密度中，叶齿深度浅，叶齿锐度钝，叶柄长0.7 cm、无茸毛，叶背主脉无茸毛；花萼5枚、无茸毛，花萼色泽绿色，花冠长宽4.2 cm×3.5 cm，花瓣7枚，花瓣色泽白色，花瓣长宽1.6 cm×1.8 cm，花瓣质地厚，柱头开裂数4裂或5裂，雌雄蕊相对高度雌蕊高，子房4室或5室、有茸毛，花柱长度1.4 cm，花柱裂位中；果实形状球形、肾形、四方形或梅花形，果实大小3.1 cm×2.9 cm，果皮厚度0.1 cm；种子形状球形、半球形或不规则形，种径大小1.2 cm×1.4 cm，种皮色泽棕色或棕褐色，种子百粒重113.6 g；春茶一芽二叶烘青样水浸出物（WE）44.1 %、茶多酚（TP）16.1 %、氨基酸（AA）2.4 %、咖啡碱（C）1.3 %、儿茶素总量（TC）6.84 %、酚氨比值（TP/AA）6.71，适制普洱茶和红茶。

195. 陇中2号大茶树

学名：*Camellia taliensis*（W. W. Smith）melchior。位于云南省德宏傣族景颇族自治州盈江县平原镇陇中村委会，海拔1975 m；树型乔木型，树姿直立，树高7.8 m，树幅6.6 m×8.7 m，最低分枝高1.0 m，基部干径1.6 m，分枝密度中；芽叶色泽黄绿色、芽叶无茸毛，叶片着生状态稍上斜，叶形长椭圆形，叶色绿色，叶片亮度发亮，平均叶片长宽10.8 cm×5.3 cm，叶面积40.1 cm^2，大叶，叶身内折，叶面微隆，叶缘微波，叶基楔形，叶质中，叶尖渐尖，叶脉对数8对，叶齿锯齿形，叶齿密度中，叶齿深度浅，叶齿锐度钝，叶柄长0.9 cm、无茸毛，叶背主脉无茸毛；花萼5枚、无茸毛，花萼色泽绿色，花冠长宽3.9 cm×3.4 cm，花瓣7枚，花瓣色泽白色，花瓣长宽1.7 cm×1.4 cm，花瓣质地中，柱头开裂数4裂，雌雄蕊相对高度等高，子房4室、无茸毛，花柱长度1.5 cm，花柱裂位高；果实性状球形、肾形、三角形或四方形，果实大小3.2 cm×3.1 cm，果皮厚度0.2 cm；种子形状球形、半球形、似肾形或不规则形，种径大小1.4 cm×1.3 cm，种皮色泽褐色或棕褐色，种子百粒重135.9 g；春茶一芽二叶烘青样水浸出物（WE）40.8%、茶多酚（TP）14.6%、氨基酸（AA）2.5%、咖啡碱（C）1.0%、儿茶素总量（TC）9.32%、酚氨比值（TP/AA）5.84，适制普洱茶和红茶。

196. 陇中3号大茶树

学名：*Camellia taliensis*（W. W. Smith）melchior。位于云南省德宏傣族景颇族自治州盈江县平原镇陇中村委会，海拔1960 m；树型乔木型，树姿半开张，树高9.2 m，树幅6.5 m×7.0 m，最低分枝高0.5 m，基部干径1.7 m，分枝密度密；芽叶色泽黄绿色、芽叶无茸毛，叶片着生状态稍上斜，叶形长椭圆形，叶色黄绿色，叶片亮度发亮，平均叶片长宽15.5 cm×6.2 cm，叶面积67.3 cm^2，特大叶，叶身内折，叶面微隆，叶缘平，叶基楔形，叶质柔软，叶尖渐尖，叶脉对数10对，叶齿锯齿形，叶齿密度密，叶齿深度中，叶齿锐度中，叶柄长1.2 cm、无茸毛，叶背主脉无茸毛；花萼5枚、无茸毛，花萼色泽绿色，花冠长宽3.9 cm×3.6 cm，花瓣7枚，花瓣色泽白色，花瓣长宽1.6 cm×1.2 cm，花瓣质地中，柱头开裂数4裂或5裂，雌雄蕊相对高度雌蕊高，子房4室或5室、有茸毛，花柱长度1.5 cm，花柱裂位中；果实形状球形、肾形、四方形或梅花形，果实大3.1 cm×3.2 cm，果皮厚度0.2 cm；种子形状球形、半球形、似肾形或不规则形，种径大小1.4 cm×1.3 cm，种皮色泽棕色或棕褐色，种子百粒重125.6 g；春茶一芽二叶烘青样水浸出物（WE）40.3 %、茶多酚（TP）16.9 %、氨基酸（AA）4.3 %、咖啡碱（C）3.6 %、儿茶素总量（TC）5.95 %、酚氨比值（TP/AA）3.93，适制普洱茶和红茶。

197. 陇中4号大茶树

学名：*Camellia taliensis*（W. W. Smith）melchior。位于云南省德宏傣族景颇族自治州盈江县平原镇陇中村委会，海拔2047 m；树型乔木型，树姿半开张，树高7.3 m，树幅3.5 m×3.7 m，最低分枝高0.1 m，基部干径1.8 m，分枝密度中；芽叶色泽黄绿色、芽叶无茸毛，叶片着生状态稍上斜，叶形长椭圆形，叶色绿色，叶片亮度发亮，平均叶片长宽13.0 cm×4.7 cm，叶面积42.8 cm^2，大叶，叶身内折，叶面微隆，叶缘微波，叶基楔形，叶质中，叶尖渐尖，叶脉对数9对，叶齿锯齿形，叶齿密度中，叶齿深度浅，叶齿锐度钝，叶柄长0.9 cm、无茸毛，叶背主脉无茸毛；花萼5枚、无茸毛，花萼色泽绿色，花冠长宽4.2 cm×3.6 cm，花瓣8枚，花瓣色泽白色，花瓣长宽1.8 cm×1.5 cm，花瓣质地中，柱头开裂数5裂，雌雄蕊相对高度雌蕊高，子房5室、有茸毛，花柱长度1.3 cm，花柱裂位中；果实形状球形、肾形或梅花形，果实大小3.7 cm×3.7 cm，果皮厚度0.2 cm；种子形状球形、半球形或不规则形，种径大小1.5 cm×1.4 cm，种皮色泽褐色或棕褐色，种子百粒重126.8 g；春茶一芽二叶烘青样水浸出物（WE）40.4%、茶多酚（TP）15.6%、氨基酸（AA）2.9%、咖啡碱（C）1.5%、儿茶素总量（TC）7.77%、酚氨比值（TP/AA）5.38，适制普洱茶和红茶。

198. 陇中5号大茶树

学名：*Camellia taliensis*（W. W. Smith）melchior。位于云南省德宏傣族景颇族自治州盈江县平原镇陇中村委会，海拔2041 m；树型乔木型，树姿半开张，树高13.5 m，树幅4.0 m×4.3 m，最低分枝高0.3 m，基部干径2.0 m，分枝密度中；芽叶色泽黄绿色、芽叶无茸毛，叶片着生状态稍上斜，叶形长椭圆形，叶色深绿色，叶片亮度发亮，平均叶片长宽12.1 cm×4.7 cm，叶面积39.8 cm^2，中叶，叶身内折，叶面微隆，叶缘微波，叶基楔形，叶质中，叶尖渐尖，叶脉对数8对，叶齿锯齿形，叶齿密度中，叶齿深度浅，叶齿锐度钝，叶柄长0.9 cm、无茸毛，叶背主脉无茸毛；花萼5枚、无茸毛，花萼色泽绿色，花冠长宽4.2 cm×3.7 cm，花瓣7枚，花瓣色泽淡绿色，花瓣长宽1.4 cm×1.2 cm，花瓣质地中，柱头开裂数4裂，雌雄蕊相对高度等高，子房4室、无茸毛，花柱长度1.4 cm，花柱裂位中；果实形状球形、三角形、四方形或梅花形，果实大小3.3 cm×3.2 cm，果皮厚度0.1 cm；种子形状球形、半球形或不规则形，种径大小1.4 cm×1.3 cm，种皮色泽棕色或棕褐色，种子百粒重121.4 g；春茶一芽二叶烘青样水浸出物（WE）44.6 %、茶多酚（TP）21.4 %、氨基酸（AA）2.5 %、咖啡碱（C）1.6 %、儿茶素总量（TC）7.54 %、酚氨比值（TP/AA）8.56，适制普洱茶和红茶。

199. 陇中6号大茶树

学名：*Camellia taliensis*（W. W. Smith）melchior。位于云南省德宏傣族景颇族自治州盈江县平原镇陇中村委会，海拔2067 m；树型乔木型，树姿半开张，树高8.6 m，树幅4.9 m×4.4 m，最低分枝高0.2 m，基部干径1.9 m，分枝密度中；芽叶色泽黄绿色、芽叶无茸毛，叶片着生状态稍上斜，叶形长椭圆形，叶色深绿色，叶片亮度发亮，平均叶片长宽12.4 cm×4.7 cm，叶面积40.8 cm^2，大叶，叶身内折，叶面微隆，叶缘微波，叶基楔形，叶质中，叶尖渐尖，叶脉对数8对，叶齿锯齿形，叶齿密度中，叶齿深度浅，叶齿锐度钝，叶柄长0.9 cm、无茸毛，叶背主脉无茸毛；花萼5枚、无茸毛，花萼色泽绿色，花冠长宽3.8 cm×3.1 cm，花瓣6~7枚，花瓣色泽白色，花瓣长宽1.8 cm×1.3 cm，花瓣质地中，柱头开裂数5裂，雌雄蕊相对高度雌蕊高，子房5室、有茸毛，花柱长度1.5 cm，花柱裂位中；果实形状球形、肾形、三角形或梅花形，果实大小3.1 cm×3.4 cm，果皮厚度0.2 cm；种子形状球形、半球形或不规则形，种径大小1.2 cm×1.3 cm，种皮色泽棕色，种子百粒重106.8 g；春茶一芽二叶烘青样水浸出物（WE）43.5 %、茶多酚（TP）19.1 %、氨基酸（AA）2.5 %、咖啡碱（C）1.4 %、儿茶素总量（TC）7.31 %、酚氨比值（TP/AA）7.64，适制普洱茶和红茶。

200. 陇中7号大茶树

学名：*Camellia taliensis*（W. W. Smith）melchior。位于云南省德宏傣族景颇族自治州盈江县平原镇陇中村委会，海拔2035 m；树型乔木型，树姿直立，树高9.2 m，树幅5.2 m×4.4 m，最低分枝高0.1 m，基部干径2.1 m，分枝密度密；芽叶色泽黄绿色、芽叶无茸毛，叶片着生状态稍上斜，叶形长椭圆形，叶色绿色，叶片亮度发亮，平均叶片长宽12.3 cm×5.2 cm，叶面积44.8 cm^2，大叶，叶身内折，叶面微隆，叶缘微波，叶基楔形，叶质中，叶尖渐尖，叶脉对数10对，叶齿锯齿形，叶齿密度中，叶齿深度浅，叶齿锐度中，叶柄长0.7 cm、无茸毛，叶背主脉无茸毛；花萼5枚、无茸毛，花萼色泽绿色，花冠长宽4.3 cm×3.5 cm，花瓣8枚，花瓣色泽白色，花瓣长宽1.9 cm×1.6 cm，花瓣质地厚，柱头开裂数4裂或5裂，雌雄蕊相对高度雌蕊低，子房4室或5室、有茸毛，花柱长度1.4 cm，花柱裂位低；果实形状四方形或梅花形，果实大小3.2 cm×3.1 cm，果皮厚度0.2 cm；种子形状球形、半球形或不规则形，种径大小1.3 cm×1.5 cm，种皮色泽棕色或棕褐色，种子百粒重126.4 g；春茶一芽二叶烘青样水浸出物（WE）45.3 %、茶多酚（TP）15.7 %、氨基酸（AA）3.1 %、咖啡碱（C）1.9 %、儿茶素总量（TC）6.24 %、酚氨比值（TP/AA）5.06，适制普洱茶和红茶。

201.陇中8号大茶树

学名：*Camellia taliensis*（W. W. Smith）melchior。位于云南省德宏傣族景颇族自治州盈江县平原镇陇中村委会，海拔2037 m；树型乔木型，树姿直立，树高9.9 m，树幅5.1 m×4.3 m，最低分枝高0.5 m，基部干径2.0 m，分枝密度中；芽叶色泽黄绿色、芽叶无茸毛，叶片着生状态稍上斜，叶形长椭圆形，叶色黄绿色，叶片亮度不亮，平均叶片长宽13.3 cm×5.5 cm，叶面积51.2 cm^2，大叶，叶身内折，叶面微隆，叶缘微波，叶基楔形，叶质柔软，叶尖渐尖，叶脉对数9对，叶齿锯齿形，叶齿密度中，叶齿深度浅，叶齿锐度中，叶柄长0.9 cm、无茸毛，叶背主脉无茸毛；花萼5枚、无茸毛，花萼色泽绿色，花冠长宽4.2 cm×3.7 cm，花瓣7枚，花瓣色泽白色，花瓣长宽1.8 cm×1.5 cm，花瓣质地中，柱头开裂数5裂，雌雄蕊相对高度等高，子房5室、有茸毛，花柱长度1.1 cm，花柱裂位高；果实形状球形、三角形或梅花形，果实大小3.1 cm×3.4 cm，果皮厚度0.2 cm；种子形状球形、半球形或不规则形，种径大小1.3 cm×1.4 cm，种皮色泽棕色或棕褐色，种子百粒重120.4 g；春茶一芽二叶烘青样水浸出物（WE）41.5%、茶多酚（TP）18.2%、氨基酸（AA）3.1%、咖啡碱（C）1.9%、儿茶素总量（TC）5.76%、酚氨比值（TP/AA）5.87，适制普洱茶和红茶。

202. 苏典后山1号大茶树

学名：*Camellia taliensis*（W. W. Smith）melchior。位于云南省德宏傣族景颇族自治州盈江县苏典乡苏典村委会新寨村民小组，海拔2125 m；树型乔木型，树姿半开张，树高5.2 m，树幅4.4 m×3.5 m，最低分枝高0.2 m，基部干径1.0 m，分枝密度中；芽叶色泽紫绿色、芽叶无茸毛，叶片着生状态稍上斜，叶形长椭圆形，叶色绿色，叶片亮度发亮，平均叶片长宽12.2 cm×4.6 cm，叶面积39.3 cm^2，中叶，叶身内折，叶面微隆，叶缘微波，叶基楔形，叶质中，叶尖渐尖，叶脉对数8对，叶齿锯齿形，叶齿密度中，叶齿深度浅，叶齿锐度中，叶柄长0.8 cm、无茸毛，叶背主脉无茸毛；花萼5枚、无茸毛，花萼色泽绿色，花冠长宽4.2 cm×3.4 cm，花瓣7枚，花瓣色泽淡绿色，花瓣长宽1.6 cm×1.4 cm，花瓣质地中，柱头开裂数3裂或5裂，雌雄蕊相对高度雌蕊高，子房3室或5室、有茸毛，花柱长度1.4 cm，花柱裂位中；果实形状球形、肾形、三角形或梅花形，果实大小3.3 cm×2.8 cm，果皮厚度0.2 cm；种子形状球形、半球形或不规则形，种径大小1.4 cm×1.2 cm，种皮色泽棕色或棕褐色，种子百粒重112.6 g；春茶一芽二叶烘青样水浸出物（WE）40.2%、茶多酚（TP）15.6%、氨基酸（AA）3.5%、咖啡碱（C）1.9%、儿茶素总量（TC）6.20%、酚氨比值（TP/AA）4.46，适制普洱茶和红茶。

203. 苏典后山 2 号大茶树

学名：*Camellia taliensis*（W. W. Smith）melchior。位于云南省德宏傣族景颇族自治州盈江县苏典乡苏典村委会新寨村民小组，海拔2098 m；树型乔木型，树姿半开张，树高7.4 m，树幅6.6 m×5.6 m，最低分枝高0.1 m，基部干径2.5 m，分枝密度中；芽叶色泽绿色、芽叶无茸毛，叶片着生状态稍上斜，叶形长椭圆形，叶色深绿色，叶片亮度发亮，平均叶片长宽14.1 cm×5.9 cm，叶面积58.2 cm^2，大叶，叶身平，叶面微隆，叶缘微波，叶基楔形，叶质中，叶尖渐尖，叶脉对数8对，叶齿锯齿形，叶齿密度中，叶齿深度中，叶齿锐度钝，叶柄长0.7 cm、无茸毛，叶背主脉无茸毛；花萼5枚、无茸毛，花萼色泽绿色，花冠长宽3.9 cm×3.2 cm，花瓣7枚，花瓣色泽白色，花瓣长宽1.7 cm×3.2 cm，花瓣质地中，柱头开裂数5裂，雌雄蕊相对高度雌蕊高，子房5室、无茸毛，花柱长度1.4 cm，花柱裂位低；果实形状球形、四方形或梅花形，果实大小2.7 cm×3.2 cm，果皮厚度0.2 cm；种子形状球形、半球形或不规则形，种径大小1.3 cm×1.5 cm，种皮色泽棕色或棕褐色，种子百粒重108.8 g；春茶一芽二叶烘青样水浸出物（WE）45.1 %、茶多酚（TP）15.9 %、氨基酸（AA）2.7 %、咖啡碱（C）2.0 %、儿茶素总量（TC）8.83 %、酚氨比值（TP/AA）5.89，适制普洱茶和红茶。

204. 苏典后山3号大茶树

学名：*Camellia taliensis*（W. W. Smith）melchior。位于云南省德宏傣族景颇族自治州盈江县苏典乡苏典村委会新寨村民小组，海拔2116 m；树型乔木型，树姿半开张，树高6.4 m，树幅5.3 m×4.2 m，最低分枝高0.2 m，基部干径1.8 m，分枝密度中；芽叶色泽紫绿色、芽叶无茸毛，叶片着生状态稍上斜，叶形长椭圆形，叶色深绿色，叶片亮度发亮，平均叶片长宽19.6 cm×5.0 cm，叶面积68.6 cm^2，特大叶，叶身内折，叶面微隆，叶缘微波，叶基楔形，叶质硬，叶尖渐尖，叶脉对数8对，叶齿锯齿形，叶齿密度中，叶齿深度浅，叶齿锐度钝，叶柄长0.5 cm、无茸毛，叶背主脉无茸毛；花萼5枚、无茸毛，花萼色泽绿色，花冠长宽4.2 cm×3.4 cm，花瓣6枚，花瓣色泽淡绿色，花瓣长宽1.4 cm×1.6 cm，花瓣质地中，柱头开裂数4裂或5裂，雌雄蕊相对高度等高，子房4室或5室、有茸毛，花柱长度1.5 cm，花柱裂位中；果实形状球形、肾形、四方形或梅花形，果实大小2.9 cm×2.6 cm，果皮厚度0.2 cm；种子形状球形、半球形、似肾形或不规则形，种径大小1.3 cm×1.6 cm，种皮色泽棕色或棕褐色，种子百粒重132.5 g；春茶一芽二叶烘青样水浸出物（WE）39.4 %、茶多酚（TP）17.4 %、氨基酸（AA）3.4 %、咖啡碱（C）1.9 %、儿茶素总量（TC）7.72 %、酚氨比值（TP/AA）5.12，适制普洱茶和红茶。

205. 苏典后山4号大茶树

学名：*Camellia taliensis*（W. W. Smith）melchior。位于云南省德宏傣族景颇族自治州盈江县苏典乡苏典村委会新寨村民小组，海拔2106 m；树型乔木型，树姿半开张，树高7.1 m，树幅6.8 m×5.9 m，最低分枝高0.1 m，基部干径1.1 m，分枝密度中；芽叶色泽黄绿色、芽叶无茸毛，叶片着生状态稍上斜，叶形长椭圆形，叶色深绿色，叶片亮度不亮，平均叶片长宽12.9 cm×5.3 cm，叶面积47.9 cm^2，大叶，叶身内折，叶面微隆，叶缘微波，叶基楔形，叶质硬，叶尖渐尖，叶脉对数8对，叶齿锯齿形，叶齿密度中，叶齿深度浅，叶齿锐度钝，叶柄长0.8 cm、无茸毛，叶背主脉无茸毛；花萼5枚、无茸毛，花萼色泽绿色，花冠长宽4.3 cm×3.8 cm，花瓣7枚，花瓣色泽白色，花瓣长宽1.6 cm×1.3 cm，花瓣质地厚，柱头开裂数4裂，雌雄蕊相对高度雌蕊高，子房4室、有茸毛，花柱长度1.4 cm，花柱裂位中；果实形状球形、肾形、三角形或四方形，果实大小3.1 cm×3.3 cm，果皮厚度0.1 cm；种子形状球形、半球形、似肾形或不规则形，种径大小1.2 cm×1.4 cm，种皮色泽棕色或棕褐色，种子百粒重123.4 g；春茶一芽二叶烘青样水浸出物（WE）41.6%、茶多酚（TP）17.5%、氨基酸（AA）3.3%、咖啡碱（C）1.9%、儿茶素总量（TC）8.80%、酚氨比值（TP/AA）5.30，适制普洱茶和红茶。

206. 苏典后山5号大茶树

学名：*Camellia taliensis*（W. W. Smith）melchior。位于云南省德宏傣族景颇族自治州盈江县苏典乡苏典村委会新寨村民小组，海拔1690 m；树型小乔木型，树姿半开张，树高11.3 m，树幅4.9 m×5.4 m，最低分枝高0.1 m，基部干径1.0 m，分枝密度中；芽叶色泽黄绿色、芽叶无茸毛，叶片着生状态稍上斜，叶形长椭圆形，叶色绿色，叶片亮度发亮，平均叶片长宽12.0 cm×5.2 cm，叶面积43.7 cm^2，大叶，叶身内折，叶面平，叶缘微波，叶基楔形，叶质中，叶尖渐尖，叶脉对数8对，叶齿锯齿形，叶齿密度中，叶齿深度浅，叶齿锐度中，叶柄长0.8 cm、无茸毛，叶背主脉无茸毛；花萼5枚、无茸毛，花萼色泽绿色，花冠长宽4.4 cm×3.6 cm，花瓣7枚，花瓣色泽白色，花瓣长宽1.9 cm×1.6 cm，花瓣质地薄，柱头开裂数4裂或5裂，雌雄蕊相对高度等高，子房4室或5室、有茸毛，花柱长1.2 cm，花柱裂位高；果实形状球形、四方形或梅花形，果实大小3.1 cm×2.8 cm，果皮厚度0.1 cm；种子形状球形、半球形或不规则形，种径大小1.3 cm×1.4 cm，种皮色泽棕色或棕褐色，种子百粒重122.4 g；春茶一芽二叶烘青样水浸出物（WE）43.1%、茶多酚（TP）17.7%、氨基酸（AA）2.3%、咖啡碱（C）1.7%、儿茶素总量（TC）7.69%、酚氨比值（TP/AA）7.70，适制普洱茶和红茶。

207. 苏典后山6号大茶树

学名：*Camellia taliensis*（W. W. Smith）melchior。位于云南省德宏傣族景颇族自治州盈江县苏典乡苏典村委会新寨村民小组，海拔1704 m；树型乔木型，树姿半开张，树高10.6 m，树幅2.7 m×3.8 m，最低分枝高0.1 m，基部干径2.3 m，分枝密度中；芽叶色泽黄绿色、芽叶无茸毛，叶片着生状态稍上斜，叶形长椭圆形，叶色深绿色，叶片亮度发亮，平均叶片长宽13.2 cm×5.4 cm，叶面积49.9 cm^2，大叶，叶身内折，叶面微隆，叶缘微波，叶基楔形，叶质中，叶尖渐尖，叶脉对数9对，叶齿锯齿形，叶齿密度中，叶齿深度浅，叶齿锐度中，叶柄长0.7 cm、无茸毛，叶背主脉无茸毛；花萼5枚、无茸毛，花萼色泽绿色，花冠长宽4.3 cm×3.8 cm，花瓣7枚，花瓣色泽白色，花瓣长宽1.9 cm×1.7 cm，花瓣质地薄，柱头开裂数5裂，雌雄蕊相对高度等高，子房5室、有茸毛，花柱长度1.6 cm，花柱裂位高；果实形状球形、肾形、四方形或梅花形，果实大小3.3 cm×2.7 cm，果皮厚度0.2 cm；种子形状球形、半球形或不规则形，种径大小1.4 cm×1.3 cm，种皮色泽棕色或棕褐色，种子百粒重135.6 g；春茶一芽二叶烘青样水浸出物（WE）42.1 %、茶多酚（TP）17.8 %、氨基酸（AA）2.8 %、咖啡碱（C）2.0 %、儿茶素总量（TC）6.81 %、酚氨比值（TP/AA）6.36，适制普洱茶和红茶。

208. 苏典后山7号大茶树

学名：*Camellia taliensis*（W. W. Smith）melchior。位于云南省德宏傣族景颇族自治州盈江县苏典乡苏典村委会新寨村民小组，海拔1740 m；树型乔木型，树姿半开张，树高6.8 m，树幅3.1 m×3.7 m，最低分枝高0.2 m，基部干径1.1 m，分枝密度中；芽叶色泽黄绿色、芽叶无茸毛，叶片着生状态稍上斜，叶形长椭圆形，叶色深绿色，叶片亮度发亮，平均叶片长宽13.7 cm×5.9 cm，叶面积56.6 cm^2，大叶，叶身稍背卷，叶面微隆，叶缘微波，叶基楔形，叶质中，叶尖渐尖，叶脉对数9对，叶齿锯齿形，叶齿密度中，叶齿深度中，叶齿锐度中，叶柄长0.7 cm、无茸毛，叶背主脉无茸毛；花萼5枚、无茸毛，花萼色泽绿色，花冠长宽3.9 cm×3.2 cm，花瓣7枚，花瓣色泽白色，花瓣长宽1.6 cm×1.2 cm，花瓣质地厚，柱头开裂数3裂，雌雄蕊相对高度等高，子房4室或5室、有茸毛，花柱长度1.2 cm，花柱裂位中；果实形状球形、肾形、四方形或梅花形，果实大小2.8 cm×3.2 cm，果皮厚度0.2 cm；种子形状球形、似肾形或不规则形，种径大小1.3 cm×1.4 cm，种皮色泽棕色或棕褐色，种子百粒重145.6 g；春茶一芽二叶烘青样水浸出物（WE）40.9 %、茶多酚（TP）18.9 %、氨基酸（AA）2.5 %、咖啡碱（C）2.4 %、儿茶素总量（TC）9.83 %、酚氨比值（TP/AA）7.56，适制普洱茶和红茶。

209. 劈石大茶树

学名：*Camellia taliensis*（W. W. Smith）melchior。位于云南省德宏傣族景颇族自治州盈江县苏典乡苏典村委会劈石村民小组，海拔1696 m；树型乔木型，树姿直立，树高6.2 m，树幅5.2 m×4.4 m，最低分枝高0.2 m，基部干径1.6 m，分枝密度中；芽叶色泽黄绿色、芽叶无茸毛，叶片着生状态稍上斜，叶形长椭圆形，叶色深绿色，叶片亮度发亮，平均叶片长宽11.3 cm×3.8 cm，叶面积30.1 cm^2，中叶，叶身内折，叶面微隆，叶缘微波，叶基楔形，叶质中，叶尖渐尖，叶脉对数9对，叶齿锯齿形，叶齿密度中，叶齿深度中，叶齿锐度中，叶柄长0.7 cm、无茸毛，叶背主脉无茸毛；花萼5枚、无茸毛，花萼色泽绿色，花冠长宽3.8 cm×3.1 cm，花瓣6枚，花瓣色泽淡绿色，花瓣长宽1.8 cm×1.4 cm，花瓣质地薄，柱头开裂数3裂，雌雄蕊相对高度等高，子房4室或5室、有茸毛，花柱长度1.4 cm，花柱裂位中；果实形状球形、肾形、四方形或梅花形，果实大小2.9 cm×3.3 cm，果皮厚度0.2 cm；种子形状球形、半球形或不规则形，种径大小1.3 cm×1.5 cm，种皮色泽棕褐色或褐色，种子百粒重123.2 g；春茶一芽二叶烘青样水浸出物（WE）45.0 %、茶多酚（TP）17.7 %、氨基酸（AA）3.7 %、咖啡碱（C）2.1 %、儿茶素总量（TC）9.33 %、酚氨比值（TP/AA）4.78，适制普洱茶和红茶。

210. 垭口寨1号大茶树

学名：*Camellia taliensis*（W. W. Smith）melchior。位于云南省德宏傣族景颇族自治州盈江县苏典乡苏典村委会垭口寨村民小组，海拔1980 m；树型乔木型，树姿半开张，树高7.6 m，树幅9.3 m×8.5 m，最低分枝高0.3 m，基部干径2.6 m，分枝密度中；芽叶色泽绿色、芽叶无茸毛，叶片着生状态稍上斜，叶形长椭圆形，叶色深绿色，叶片亮度发亮，平均叶片长宽11.5 cm×5.3 cm，叶面积42.7 cm^2，大叶，叶身背卷，叶面微隆，叶缘微波，叶基楔形，叶质中，叶尖渐尖，叶脉对数8对，叶齿锯齿形，叶齿密度中，叶齿深度浅，叶齿锐度锐，叶柄长0.7 cm、无茸毛，叶背主脉无茸毛；花萼5枚、无茸毛，花萼色泽绿色，花冠长宽3.6 cm×2.9 cm，花瓣7枚，花瓣色泽白色，花瓣长宽1.3 cm×1.6 cm，花瓣质地中，柱头开裂数4裂，雌雄蕊相对高度等高，子房4室、有茸毛，花柱长度1.5 cm，花柱裂位中；果实形状球形、肾形、三角形或四方形，果实大小3.2 cm×2.8 cm，果皮厚度0.3 cm；种子形状球形、半球形或不规则形，种径大小1.4 cm×1.2 cm，种皮色泽棕色或褐色，种子百粒重113.8 g；春茶一芽二叶烘青样水浸出物（WE）47.6 %、茶多酚（TP）16.0 %、氨基酸（AA）2.7 %、咖啡碱（C）1.9 %、儿茶素总量（TC）8.41 %、酚氨比值（TP/AA）5.93，适制普洱茶和红茶。

211. 垭口寨2号大茶树

学名：*Camellia taliensis*（W. W. Smith）melchior。位于云南省德宏傣族景颇族自治州盈江县苏典乡苏典村委会垭口寨村民小组，海拔2010 m；树型乔木型，树姿半开张，树高8.6 m，树幅5.7 m×7.3 m，最低分枝高1.6 m，基部干径1.4 m，分枝密度密；芽叶色泽黄绿色、芽叶无茸毛，叶片着生状态稍上斜，叶形长椭圆形，叶色绿色，叶片亮度不亮，平均叶片长宽11.4 cm×5.4 cm，叶面积43.1 cm^2，大叶，叶身背卷，叶面微隆，叶缘微波，叶基楔形，叶质硬，叶尖渐尖，叶脉对数8对，叶齿锯齿形，叶齿密度中，叶齿深度浅，叶齿锐度钝，叶柄长0.7 cm、无茸毛，叶背主脉无茸毛；花萼7枚、无茸毛，花萼色泽绿色，花冠长宽3.9 cm×3.2 cm，花瓣7枚，花瓣色泽淡绿色，花瓣长宽1.5 cm×1.1 cm，花瓣质地中，柱头开裂数5裂，雌雄蕊相对高度等高，子房5室、有茸毛，花柱长度1.6 cm，花柱裂位中；果实形状球形、肾形、四方形或梅花形，果实大小3.3 cm×2.8 cm，果皮厚度0.2 cm；种子形状球形、半球形、似肾形或不规则形，种径大小1.3 cm×1.5 cm，种皮色泽棕色或棕褐色，种子百粒重123.8 g；春茶一芽二叶烘青样水浸出物（WE）46.5%、茶多酚（TP）21.9%、氨基酸（AA）2.8%、咖啡碱（C）2.1%、儿茶素总量（TC）8.31%、酚氨比值（TP/AA）7.82，适制普洱茶和红茶。

212. 木笼河1号大茶树

学名：*Camellia taliensis*（W. W. Smith）melchior。位于云南省德宏傣族景颇族自治州盈江县苏典乡木笼河村委会垭口寨村民小组，海拔1949 m；树型乔木型，树姿半开张，树高8.3 m，树幅6.0 m×5.6 m，最低分枝高0.4 m，基部干径1.6 m，分枝密度中；芽叶色泽黄绿色、芽叶无茸毛，叶片着生状态稍上斜，叶形长椭圆形，叶色深绿色，叶片亮度发亮，平均叶片长宽13.0 cm×5.8 cm，叶面积52.8 cm^2，大叶，叶身内折，叶面微隆，叶缘微波，叶基楔形，叶质硬，叶尖渐尖，叶脉对数8对，叶齿锯齿形，叶齿密度中，叶齿深度浅，叶齿锐度钝，叶柄长0.7 cm、无茸毛，叶背主脉无茸毛；花萼5枚、无茸毛，花萼色泽绿色，花冠长宽4.3 cm×3.4 cm，花瓣7枚，花瓣色泽淡绿色，花瓣长宽1.7 cm×1.4 cm，花瓣质地薄，柱头开裂数4裂，雌雄蕊相对高度等高，子房4室、有茸毛，花柱长度1.4 cm，花柱裂位中；果实形状球形、肾形或四方形，果实大小2.8 cm×3.3 cm，果皮厚度0.2 cm；种子形状球形、半球形或似肾形，种径大小1.3 cm×1.3 cm，种皮色泽棕色或棕褐色，种子百粒重135.6 g；春茶一芽二叶烘青样水浸出物（WE）41.8 %、茶多酚（TP）18.8 %、氨基酸（AA）3.4 %、咖啡碱（C）2.3 %、儿茶素总量（TC）11.09 %、酚氨比值（TP/AA）5.53，适制普洱茶和红茶。

213. 木笼河2号大茶树

学名：*Camellia taliensis*（W. W. Smith）melchior。位于云南省德宏傣族景颇族自治州盈江县苏典乡木笼河村委会垭口寨村民小组，海拔1952 m；树型乔木型，树姿半开张，树高7.1 m，树幅3.7 m×4.0 m，最低分枝高0.1 m，基部干径3.0 m，分枝密度中；芽叶色泽黄绿色、芽叶无茸毛，叶片着生状态稍上斜，叶形长椭圆形，叶色深绿色，叶片亮度发亮，平均叶片长宽11.2 cm×4.7 cm，叶面积36.8 cm^2，中叶，叶身内折，叶面微隆，叶缘微波，叶基楔形，叶质中，叶尖渐尖，叶脉对数7对，叶齿锯齿形，叶齿密度中，叶齿深度浅，叶齿锐度钝，叶柄长0.6 cm、无茸毛，叶背主脉无茸毛；花萼5枚、无茸毛，花萼色泽绿色，花冠长宽4.3 cm×3.8 cm，花瓣7枚，花瓣色泽白色，花瓣长宽1.2 cm×1.3 cm，花瓣质地中，柱头开裂数4裂或5裂，雌雄蕊相对高度等高，子房4室或5室、有茸毛，花柱长度1.4 cm，花柱裂位中；果实形状球形、肾形、四方形或梅花形，果实大小3.4 cm×2.9 cm，果皮厚度0.2 cm；种子形状球形、半球形、似肾形或不规则形，种径大小1.4 cm×1.2 cm，种皮色泽棕色或棕褐色，种子百粒重128.8 g；春茶一芽二叶烘青样水浸出物（WE）46.3 %、茶多酚（TP）17.0 %、氨基酸（AA）3.5 %、咖啡碱（C）2.0 %、儿茶素总量（TC）8.58 %、酚氨比值（TP/AA）4.86，适制普洱茶和红茶。

214. 木笼河3号大茶树

学名：*Camellia taliensis*（W. W. Smith）melchior。位于云南省德宏傣族景颇族自治州盈江县苏典乡木笼河村委会垭口寨村民小组，海拔1952 m；树型乔木型，树姿半开张，树高5.6 m，树幅5.7 m×6.2 m，最低分枝高0.1 m，基部干径2.0 m，分枝密度密；芽叶色泽黄绿色、芽叶无茸毛，叶片着生状态稍上斜，叶形长椭圆形，叶色绿色，叶片亮度不亮，平均叶片长宽11.7 cm×4.3 cm，叶面积35.2 cm^2，中叶，叶身内折，叶面微隆，叶缘微波，叶基楔形，叶质中，叶尖渐尖，叶脉对数8对，叶齿锯齿形，叶齿密度中，叶齿深度中，叶齿锐度中，叶柄长0.8 cm、无茸毛，叶背主脉无茸毛；花萼5枚、无茸毛，花萼色泽绿色，花冠长宽4.1 cm×3.7 cm，花瓣7枚，花瓣色泽淡绿色，花瓣长宽1.5 cm×1.1 cm，花瓣质地中，柱头开裂数4裂或5裂，雌雄蕊相对高度等高，子房4室或5室、有茸毛，花柱长度1.5 cm，花柱裂位中；果实形状球形、肾形、四方形或梅花形，果实大小2.8 cm×3.2 cm，果皮厚度0.2 cm；种子形状球形、半球形、似肾形或梅花形，种径大小1.3 cm×1.5 cm，种皮色泽棕色或褐色，种子百粒重152.6 g；春茶一芽二叶烘青样水浸出物（WE）41.3%、茶多酚（TP）17.8%、氨基酸（AA）2.8%、咖啡碱（C）1.8%、儿茶素总量（TC）8.56%、酚氨比值（TP/AA）6.36，适制普洱茶和红茶。

215. 木笼河4号大茶树

学名：*Camellia taliensis*（W. W. Smith）melchior。位于云南省德宏傣族景颇族自治州盈江县苏典乡茅草坪村委会木笼河村民小组，海拔1949 m；树型乔木型，树姿半开张，树高12.6 m，树幅6.3 m×4.4 m，最低分枝高0.1 m，基部干径1.8 m，分枝密度中；芽叶色泽黄绿色、芽叶无茸毛，叶片着生状态稍上斜，叶形长椭圆形，叶色绿色，叶片亮度发亮，平均叶片长宽15.0 cm×6.5 cm，叶面积68.3 cm^2，特大叶，叶身内折，叶面微隆，叶缘微波，叶基楔形，叶质中，叶尖渐尖，叶脉对数13对，叶齿锯齿形，叶齿密度中，叶齿深度浅，叶齿锐度钝，叶柄长0.8 cm、无茸毛，叶背主脉无茸毛；花萼5枚、无茸毛，花萼色泽绿色，花冠长宽3.7 cm×3.3 cm，花瓣7枚，花瓣色泽白色，花瓣长宽1.7 cm×1.3 cm，花瓣质地薄，柱头开裂数4裂，雌雄蕊相对高度雌蕊高，子房4室、有茸毛，花柱长度1.5 cm，花柱裂位中；果实形状球形、肾形或四方形，果实大小3.3 cm×3.4 cm，果皮厚度0.3 cm；种子形状球形、似肾形或不规则形，种径大小1.5 cm×1.3 cm，种皮色泽棕色或褐色，种子百粒重128.8 g；春茶一芽二叶烘青样水浸出物（WE）47.8%、茶多酚（TP）18.2%、氨基酸（AA）3.1%、咖啡碱（C）2.2%、儿茶素总量（TC）9.47%、酚氨比值（TP/AA）5.87，适制普洱茶和红茶。

216. 木笼河5号大茶树

学名：*Camellia taliensis*（W. W. Smith）melchior。位于云南省德宏傣族景颇族自治州盈江县苏典乡茅草坪村委会木笼河村民小组，海拔1943 m；树型乔木型，树姿半开张，树高4.8 m，树幅4.2 m×4.4 m，最低分枝高0.4 m，基部干径1.6 m，分枝密度中；芽叶色泽黄绿色、芽叶无茸毛，叶片着生状态稍上斜，叶形长椭圆形，叶色绿色，叶片亮度不亮，平均叶片长宽11.3 cm×5.4 cm，叶面积42.7 cm^2，大叶，叶身内折，叶面微隆，叶缘微波，叶基楔形，叶质中，叶尖渐尖，叶脉对数8对，叶齿锯齿形，叶齿密度中，叶齿深度中，叶齿锐度钝，叶柄长0.8 cm、无茸毛，叶背主脉无茸毛；花萼5枚、无茸毛，花萼色泽绿色，花冠长宽4.2 cm×3.7 cm，花瓣5枚，花瓣色泽白色，花瓣长宽1.5 cm×1.2 cm，花瓣质地薄，柱头开裂数4裂或5裂，雌雄蕊相对高度等高，子房4室或5室、有茸毛，花柱长度1.4 cm，花柱裂位低；果实形状球形、肾形、四方形或梅花形，果实大小2.8 cm×3.3 cm，果皮厚度0.3 cm；种子形状球形、半球形、似肾形或不规则形，种径大小1.3 cm×1.4 cm，种皮色泽棕色或棕褐色，种子百粒重136.8 g；春茶一芽二叶烘青样水浸出物（WE）42.5 %、茶多酚（TP）14.9 %、氨基酸（AA）3.5 %、咖啡碱（C）2.0 %、儿茶素总量（TC）7.13 %、酚氨比值（TP/AA）4.26，适制普洱茶和红茶。

217. 木笼河6号大茶树

学名：*Camellia taliensis*（W. W. Smith）melchior。位于云南省德宏傣族景颇族自治州盈江县苏典乡茅草坪村委会木笼河村民小组，海拔1858 m；树型灌木型，树姿开张，树高7.4 m，树幅5.1 m×4.9 m，最低分枝高0.2 m，基部干径2.2 m，分枝密度中；芽叶色泽黄绿色、芽叶无茸毛，叶片着生状态稍上斜，叶形长椭圆形，叶色深绿色，叶片亮度不亮，平均叶片长宽11.9 cm×4.9 cm，叶面积40.8 cm^2，大叶，叶身内折，叶面微隆，叶缘微波，叶基楔形，叶质中，叶尖渐尖，叶脉对数9对，叶齿锯齿形，叶齿密度中，叶齿深度浅，叶齿锐度钝，叶柄长0.7 cm、无茸毛，叶背主脉无茸毛；花萼5枚、无茸毛，花萼色泽绿色，花冠长宽4.3 cm×3.9 cm，花瓣6枚，花瓣色泽白色，花瓣长宽1.3 cm×1.6 cm，花瓣质地厚，柱头开裂数4裂或5裂，雌雄蕊相对高度雌蕊高，子房4或5室、有茸毛，花柱长度1.5 cm，花柱裂位高；果实形状球形、肾形、四方形或梅花形，果实大小3.8 cm×3.4 cm，果皮厚度0.3 cm；种子形状球形、半球形或不规则形，种径大小1.3 cm×1.5 cm，种皮色泽棕色或棕褐色，种子百粒重128.8 g；春茶一芽二叶烘青样水浸出物（WE）43.0%、茶多酚（TP）15.8%、氨基酸（AA）2.7%、咖啡碱（C）1.5%、儿茶素总量（TC）8.18%、酚氨比值（TP/AA）5.85，适制普洱茶和红茶。

218. 木笼河7号大茶树

学名：*Camellia taliensis*（W. W. Smith）melchior。位于云南省德宏傣族景颇族自治州盈江县苏典乡茅草坪村委会木笼河村民小组，海拔1752 m；树型灌木型，树姿半开张，树高9.3 m，树幅5.1 m×7.4 m，最低分枝高0.1 m，基部干径2.1 m，分枝密度密；芽叶色泽黄绿色、芽叶无茸毛，叶片着生状态稍上斜，叶形长椭圆形，叶色绿色，叶片亮度不亮，平均叶片长宽13.6 cm×5.8 cm，叶面积55.2 cm^2，大叶，叶身平，叶面平，叶缘微波，叶基楔形，叶质中，叶尖渐尖，叶脉对数11对，叶齿锯齿形，叶齿密度中，叶齿深度浅，叶齿锐度钝，叶柄长0.9 cm、无茸毛，叶背主脉无茸毛；花萼5枚、无茸毛，花萼色泽绿色，花冠长宽4.4 cm×3.8 cm，花瓣7枚，花瓣色泽白色，花瓣长宽1.6 cm×1.4 cm，花瓣质地厚，柱头开裂数4裂或5裂，雌雄蕊相对高度雌蕊低，子房4室或5室、有茸毛，花柱长度1.5 cm，花柱裂位中；果实形状球形、四方形或梅花形，果实大小3.2 cm×3.6 cm，果皮厚度0.2 cm；种子形状球形、半球形或不规则形，种径大小1.4 cm×1.5 cm，种皮色泽棕色或棕褐色，种子百粒重134.5 g；春茶一芽二叶烘青样水浸出物（WE）51.6 %、茶多酚（TP）15.6 %、氨基酸（AA）3.5 %、咖啡碱（C）1.8 %、儿茶素总量（TC）7.43 %、酚氨比值（TP/AA）4.46，适制普洱茶和红茶。

219. 木笼河 8 号大茶树

学名：*Camellia taliensis*（W. W. Smith）melchior。位于云南省德宏傣族景颇族自治州盈江县苏典乡茅草坪村委会木笼河村民小组，海拔1757 m；树型乔木型，树姿半开张，树高9.2 m，树幅5.3 m×6.1 m，最低分枝高1.1 m，基部干径1.3 m，分枝密度密；芽叶色泽绿色、芽叶无茸毛，叶片着生状态稍上斜，叶形长椭圆形，叶色绿色，叶片亮度不亮，平均叶片长宽12.6 cm×5.7 cm，叶面积50.3 cm^2，大叶，叶身内折，叶面微隆，叶缘微波，叶基楔形，叶质中，叶尖渐尖，叶脉对数10对，叶齿锯齿形，叶齿密度中，叶齿深度浅，叶齿锐度钝，叶柄长1.0 cm、无茸毛，叶背主脉无茸毛；花萼5枚、无茸毛，花萼色泽绿色，花冠长宽4.1 cm×3.8 cm，花瓣7枚，花瓣色泽白色，花瓣长宽1.5 cm×1.2 cm，花瓣质地薄，柱头开裂数3裂或4裂，雌雄蕊相对高度等高，子房3室或4室、有茸毛，花柱长度1.4 cm，花柱裂位中；果实形状球形、肾形、三角形或四方形，果实大小3.1 cm×2.8 cm，果皮厚度0.1 cm；种子形状球形、半球形或不规则形，种径大小1.3 cm×1.5 cm，种皮色泽棕色或棕褐色，种子百粒重138.4 g；春茶一芽二叶烘青样水浸出物（WE）42.4%、茶多酚（TP）16.8%、氨基酸（AA）3.0%、咖啡碱（C）1.6%、儿茶素总量（TC）7.11%、酚氨比值（TP/AA）5.60，适制普洱茶和红茶。

220. 木笼河9号大茶树

学名：*Camellia taliensis*（W. W. Smith）melchior。位于云南省德宏傣族景颇族自治州盈江县苏典乡茅草坪村委会木笼河村民小组，海拔1767 m；树型灌木型，树姿半开张，树高5.9 m，树幅3.1 m×3.7 m，最低分枝高0.6 m，基部干径1.7 m，分枝密度中；芽叶色泽黄绿色、芽叶无茸毛，叶片着生状态稍上斜，叶形长椭圆形，叶色绿色，叶片亮度不亮，平均叶片长宽13.7 cm×5.5 cm，叶面积52.7 cm^2，大叶，叶身内折，叶面微隆，叶缘微波，叶基楔形，叶质中，叶尖渐尖，叶脉对数12对，叶齿锯齿形，叶齿密度中，叶齿深度浅，叶齿锐度钝，叶柄长0.9 cm、无茸毛，叶背主脉无茸毛；花萼5枚、无茸毛，花萼色泽白色，花冠长宽4.2 cm×3.6 cm，花瓣7枚，花瓣色泽白色，花瓣长宽1.1 cm×1.3 cm，花瓣质地中，柱头开裂数4裂，雌雄蕊相对高度雌蕊高，子房4室、有茸毛，花柱长度1.6 cm，花柱裂位中；果实形状球形、三角形、四方形或梅花形，果实大小3.2 cm×2.9 cm，果皮厚度0.2 cm；种子形状球形、半球形或不规则形，种径大小1.4 cm×1.6 cm，种皮色泽棕褐色或褐色，种子百粒重139.6 g；春茶一芽二叶烘青样水浸出物（WE）44.9 %、茶多酚（TP）17.4 %、氨基酸（AA）4.3 %、咖啡碱（C）1.8 %、儿茶素总量（TC）9.62 %、酚氨比值（TP/AA）4.05，适制普洱茶和红茶。

221. 木笼河10号大茶树

学名：*Camellia taliensis*（W. W. Smith）melchior。位于云南省德宏傣族景颇族自治州盈江县苏典乡茅草坪村委会木笼河村民小组，海拔1724 m；树型乔木型，树姿直立，树高10.5 m，树幅3.9 m×4.2 m，最低分枝高0.4 m，基部干径1.8 m，分枝密度中；芽叶色泽黄绿色、芽叶无茸毛，叶片着生状态稍上斜，叶形长椭圆形，叶色绿色，叶片亮度不亮，平均叶片长宽13.6 cm×5.9 cm，叶面积56.2 cm^2，大叶，叶身内折，叶面微隆，叶缘微波，叶基楔形，叶质硬，叶尖渐尖，叶脉对数13对，叶齿锯齿形，叶齿密度中，叶齿深度中，叶齿锐度钝，叶柄长0.7 cm、无茸毛，叶背主脉无茸毛；花萼5枚、无茸毛，花萼色泽绿色，花冠长宽4.3 cm×3.9 cm，花瓣7枚，花瓣色泽淡绿色，花瓣长宽1.6 cm×1.3 cm，花瓣质地厚，柱头开裂数4裂或5裂，雌雄蕊相对高度等高，子房4室或5室、有茸毛，花柱长度1.5 cm，花柱裂位中；果实形状球形、四方形或梅花形，果实大小3.1 cm×3.4 cm，果皮厚度0.1 cm；种子形状球形、半球形或不规则形，种径大小1.3 cm×1.5 cm，种皮色泽棕色或棕褐色，种子百粒重134.5 g；春茶一芽二叶烘青样水浸出物（WE）44.7%、茶多酚（TP）18.6%、氨基酸（AA）2.9%、咖啡碱（C）1.8%、儿茶素总量（TC）8.08%、酚氨比值（TP/AA）6.41，适制普洱茶和红茶。

222. 木笼河11号大茶树

学名：*Camellia taliensis*（W. W. Smith）melchior。位于云南省德宏傣族景颇族自治州盈江县苏典乡茅草坪村委会木笼河村民小组，海拔1733 m；树型乔木型，树姿半开张，树高13.3 m，树幅5.1 m×4.6 m，最低分枝高0.3 m，基部干径1.7 m，分枝密度中；芽叶色泽黄绿色、芽叶无茸毛，叶片着生状态稍上斜，叶形长椭圆形，叶色绿色，叶片亮度发亮，平均叶片长宽14.5 cm×5.5 cm，叶面积55.8 cm^2，大叶，叶身内折，叶面微隆，叶缘微波，叶基楔形，叶质中，叶尖渐尖，叶脉对数11对，叶齿锯齿形，叶齿密度密，叶齿深度浅，叶齿锐度钝，叶柄长1.0 cm、无茸毛，叶背主脉无茸毛；花萼5枚、无茸毛，花萼色泽绿色，花冠长宽4.5 cm×4.1 cm，花瓣7枚，花瓣色泽白色，花瓣长宽1.6 cm×1.3 cm，花瓣质地薄，柱头开裂数5裂，雌雄蕊相对高度等高，子房5室、有茸毛，花柱长度1.5 cm，花柱裂位中；果实形状球形、四方形或梅花形，果实大小3.5 cm×2.8 cm，果皮厚度0.1 cm；种子形状球形、半球形或不规则形，种径大小1.3 cm×1.5 cm，种皮色泽棕色或褐色，种子百粒重136.7 g；春茶一芽二叶烘青样水浸出物（WE）42.0%、茶多酚（TP）16.2%、氨基酸（AA）3.1%、咖啡碱（C）1.9%、儿茶素总量（TC）9.01%、酚氨比值（TP/AA）5.23，适制普洱茶和红茶。

223. 青龙山 1 号大茶树

学名：*Camellia taliensis*（W. W. Smith）melchior。位于云南省德宏傣族景颇族自治州梁河县芒东乡小寨子村委会，海拔2164 m；树型乔木型，树姿开张，树高8.1 m，树幅6.4 m×7.0 m，最低分枝高0.2 m，基部干径2.5 m，分枝密度密；芽叶色泽黄绿色、芽叶无茸毛，叶片着生状态稍上斜，叶形长椭圆形，叶色深绿色，叶片亮度发亮，平均叶片长宽13.5 cm×6.0 cm，叶面积56.7 cm^2，大叶，叶身平，叶面平，叶缘微波，叶基楔形，叶质中，叶尖渐尖，叶脉对数11对，叶齿锯齿形，叶齿密度稀，叶齿深度浅，叶齿锐度钝，叶柄长0.9 cm、无茸毛，叶背主脉无茸毛；花萼5枚、无茸毛，花萼色泽绿色，花冠长宽3.7 cm×3.0 cm，花瓣7枚，花瓣色泽淡绿色，花瓣长宽1.5 cm×1.2 cm，花瓣质地中，柱头开裂数3裂或4裂，雌雄蕊相对高度等高，子房3室或4室、有茸毛，花柱长度1.2 cm，花柱裂位中；果实形状球形、三角形或四方形，果实大小3.1 cm×3.5 cm，果皮厚度0.1 cm；种子形状球形、似肾形、锥形或不规则形，种径大小1.1 cm×1.3 cm，种皮色泽棕色或褐色，种子百粒重123.6 g；春茶一芽二叶烘青样水浸出物（WE）42.4 %、茶多酚（TP）13.5 %、氨基酸（AA）3.1 %、咖啡碱（C）1.4 %、儿茶素总量（TC）18.52 %、酚氨比值（TP/AA）4.35，适制普洱茶和红茶。

224. 青龙山 2 号大茶树

学名：*Camellia taliensis*（W. W. Smith）melchior。位于云南省德宏傣族景颇族自治州梁河县芒东乡小寨子村委会，海拔2158 m；树型灌木型，树姿直立，树高8.4 m，树幅6.4 m×7.3 m，最低分枝高0.4 m，基部干径2.4 m，分枝密度密；芽叶色泽淡绿色、芽叶无茸毛，叶片着生状态稍上斜，叶形长椭圆形，叶色绿色，叶片亮度发亮，平均叶片长宽14.4 cm×5.4 cm，叶面积54.4 cm^2，大叶，叶身内折，叶面微隆，叶缘微波，叶基楔形，叶质中，叶尖渐尖，叶脉对数11对，叶齿锯齿形，叶齿密度中，叶齿深度浅，叶齿锐度钝，叶柄长0.9 cm、无茸毛，叶背主脉无茸毛；花萼5枚、无茸毛，花萼色泽淡绿色，花冠长宽4.3 cm×3.2 cm，花瓣7枚，花瓣色泽绿色，花瓣长宽1.4 cm×1.3 cm，花瓣质地中，柱头开裂数5裂，雌雄蕊相对高度雌蕊高，子房5室、有茸毛，花柱长度1.3 cm，花柱裂位低；果实形状球形、四方形或梅花形，果实大小3.2 cm×2.7 cm，果皮厚度0.1 cm；种子形状球形、半球形或不规则形，种径大小1.4 cm×1.3 cm，种皮色泽棕色或褐色，种子百粒重111.4 g；春茶一芽二叶烘青样水浸出物（WE）46.9 %、茶多酚（TP）17.0 %、氨基酸（AA）4.4 %、咖啡碱（C）1.9 %、儿茶素总量（TC）19.19 %、酚氨比值（TP/AA）3.86，适制普洱茶和红茶。

225. 青龙山3号大茶树

学名：*Camellia taliensis*（W. W. Smith）melchior。位于云南省德宏傣族景颇族自治州梁河县芒东乡小寨子村委会，海拔2153 m；树型乔木型，树姿直立，树高18.6 m，树幅4.2 m×3.3 m，最低分枝高0.3 m，基部干径0.8 m，分枝密度稀；芽叶色泽黄绿色、芽叶无茸毛，叶片着生状态稍上斜，叶形长椭圆形，叶色绿色，叶片亮度发亮，平均叶片长宽14.3 cm×5.2 cm，叶面积52.1 cm^2，大叶，叶身内折，叶面微隆，叶缘微波，叶基楔形，叶质柔软，叶尖渐尖，叶脉对数10对，叶齿锯齿形，叶齿密度稀，叶齿深度浅，叶齿锐度钝，叶柄长1.0 cm、无茸毛，叶背主脉无茸毛；花萼5枚、无茸毛，花萼色泽绿色，花冠长宽4.4 cm×3.9 cm，花瓣7枚，花瓣色泽淡绿色，花瓣长宽1.3 cm×1.1 cm，花瓣质地中，柱头开裂数4裂或5裂，雌雄蕊相对高度雌蕊低，子房4室或5室、无茸毛，花柱长度1.5 cm，花柱裂位高；果实形状球形、四方形或梅花形，果实大小3.3 cm×3.2 cm，果皮厚度0.1 cm；种子形状球形、半球形或不规则形，种径大小1.4 cm×1.1 cm，种皮色泽褐色或棕褐色，种子百粒重96.7 g；春茶一芽二叶烘青样水浸出物（WE）44.8 %、茶多酚（TP）15.0 %、氨基酸（AA）3.7 %、咖啡碱（C）1.3 %、儿茶素总量（TC）7.10 %、酚氨比值（TP/AA）4.05，适制普洱茶和红茶。

226. 青龙山4号大茶树

学名：*Camellia taliensis*（W. W. Smith）melchior。位于云南省德宏傣族景颇族自治州梁河县芒东乡小寨子村委会青龙山，海拔2101 m；树型乔木型，树姿直立，树高12.4 m，树幅6.0 m×6.0 m，最低分枝高0.5 m，基部干径3.0 m，分枝密度稀；芽叶色泽黄绿色、芽叶无茸毛，叶片着生状态水平，叶形长椭圆形，叶色深绿色，叶片亮度不亮，平均叶片长宽12.3 cm×4.4 cm，叶面积37.9 cm^2，中叶，叶身平，叶面平，叶缘微波，叶基楔形，叶质柔软，叶尖渐尖，叶脉对数8对，叶齿锯齿形，叶齿密度中，叶齿深度浅，叶齿锐度钝，叶柄长1.0 cm、无茸毛，叶背主脉无茸毛；花萼5枚、有茸毛，花萼色泽绿色，花冠长宽4.2 cm×3.8 cm，花瓣7枚，花瓣色泽淡绿色，花瓣长宽1.5 cm×1.1 cm，花瓣质地薄，柱头开裂数4裂，雌雄蕊相对高度雌蕊低，子房4室、无茸毛，花柱长度1.7 cm，花柱裂位中；果实形状球形、半球形或不规则形，果实大小3.3 cm×3.5 cm，果皮厚度0.1 cm；种子形状球形、半球形、锥形或不规则形，种径大小1.3 cm×1.1 cm，种皮色泽棕色或棕褐色，种子百粒重116.5 g；春茶一芽二叶烘青样水浸出物（WE）46.1 %、茶多酚（TP）17.0 %、氨基酸（AA）3.6 %、咖啡碱（C）1.8 %、儿茶素总量（TC）5.54 %、酚氨比值（TP/AA）4.72，适制普洱茶和红茶。

227. 青龙山5号大茶树

学名：*Camellia taliensis*（W. W. Smith）melchior。位于云南省德宏傣族景颇族自治州梁河县芒东乡小寨子村委会青龙山，海拔2035 m；树型乔木型，树姿半开张，树高7.4 m，树幅1.4 m×1.6 m，最低分枝高0.4 m，基部干径1.4 m，分枝密度中；芽叶色泽黄绿色、芽叶茸毛多，叶片着生状态稍上斜，叶形长椭圆形，叶色绿色，叶片亮度发亮，平均叶片长宽14.2 cm×5.2 cm，叶面积51.7 cm^2，大叶，叶身内折，叶面微隆，叶缘微波，叶基楔形，叶质柔软，叶尖渐尖，叶脉对数9对，叶齿锯齿形，叶齿密度稀，叶齿深度浅，叶齿锐度钝，叶柄长1.2 cm、无茸毛，叶背主脉无茸毛；花萼5枚、有茸毛，花萼色泽淡绿色，花冠长宽4.6 cm×4.3 cm，花瓣8枚，花瓣色泽淡绿色，花瓣长宽1.6 cm×1.3 cm，花瓣质地薄，柱头开裂数4裂或5裂，雌雄蕊相对高度雌蕊高，子房4室或5室、有茸毛，花柱长度1.3 cm，花柱裂位中；果实形状球形、四方形或梅花形，果实大小3.4 cm×2.9 cm，果皮厚度0.3 cm；种子形状球形、半球形、四方形或梅花形，种径大小1.1 cm×1.5 cm，种皮色泽棕色或棕褐色，种子百粒重119.4 g；春茶一芽二叶烘青样水浸出物（WE）42.0%、茶多酚（TP）18.4%、氨基酸（AA）3.1%、咖啡碱（C）1.7%、儿茶素总量（TC）5.82%、酚氨比值（TP/AA）5.94，适制普洱茶和红茶。

228. 陡坡1号大茶树

学名：*Camellia taliensis*（W. W. Smith）melchior。位于云南省德宏傣族景颇族自治州梁河县芒东乡陡坡村委会，海拔2033 m；树型灌木型，树姿半开张，树高5.8 m，树幅3.9 m×4.4 m，最低分枝高0.2 m，基部干径1.2 m，分枝密度密；芽叶色泽黄绿色、芽叶无茸毛，叶片着生状态稍上斜，叶形长椭圆形，叶色深绿色，叶片亮度发亮，平均叶片长宽13.1 cm×5.4 cm，叶面积49.5 cm^2，大叶，叶身平，叶面平，叶缘微波，叶基楔形，叶质柔软，叶尖渐尖，叶脉对数8对，叶齿锯齿形，叶齿密度稀，叶齿深度浅，叶齿锐度钝，叶柄长0.9 cm、无茸毛，叶背主脉无茸毛；花萼5枚、无茸毛，花萼色泽绿色，花冠长宽4.4 cm×3.7 cm，花瓣6枚，花瓣色泽淡绿色，花瓣长宽1.2 cm×1.4 cm，花瓣质地厚，柱头开裂数4裂或5裂，雌雄蕊相对高度雌蕊高，子房4室或5室、无茸毛，花柱长度1.2 cm，花柱裂位高；果实形状球形、肾形、四方形或梅花形，果实大小3.3 cm×2.9 cm，果皮厚度0.1 cm；种子形状球形、三角形、似肾形或不规则形，种径大小1.2 cm×1.4 cm，种皮色泽棕色或褐色，种子百粒重119.8 g；春茶一芽二叶烘青样水浸出物（WE）39.6 %、茶多酚（TP）15.8 %、氨基酸（AA）3.0 %、咖啡碱（C）1.5 %、儿茶素总量（TC）9.12 %、酚氨比值（TP/AA）5.27，适制普洱茶和红茶。

229. 陡坡3号大茶树

学名：*Camellia taliensis*（W. W. Smith）melchior。位于云南省德宏傣族景颇族自治州梁河县芒东乡陡坡村委会，海拔2023 m；树型乔木型，树姿半开张，树高7.4 m，树幅4.3 m×3.5 m，最低分枝高0.2 m，基部干径1.4 m，分枝密度密；芽叶色泽黄绿色、芽叶无茸毛，叶片着生状态稍上斜，叶形长椭圆形，叶色深绿色，叶片亮度发亮，平均叶片长宽12.7 cm×4.8 cm，叶面积42.7 cm^2，大叶，叶身平，叶面微隆，叶缘微波，叶基楔形，叶质硬，叶尖渐尖，叶脉对数8对，叶齿锯齿形，叶齿密度稀，叶齿深度浅，叶齿锐度钝，叶柄长0.9 cm、无茸毛，叶背主脉无茸毛；花萼4枚、无茸毛，花萼色泽绿色，花冠长宽3.8 cm×3.4 cm，花瓣11枚，花瓣色泽白色，花瓣长宽1.8 cm×1.3 cm，花瓣质地中，柱开裂数5裂，雌雄蕊相对高度雌蕊高，子房5室、有茸毛，花柱长度1.9 cm，花柱裂位中；果实形状梅花形，果实大小3.2 cm×2.6 cm，果皮厚度0.2 cm；种子形状球形、半球形、锥形或不规则形，种径大小1.3 cm×1.3 cm，种皮色泽棕色，种子百粒重102.0 g；春茶一芽二叶烘青样水浸出物（WE）44.7 %、茶多酚（TP）15.9 %、氨基酸（AA）2.7 %、咖啡碱（C）1.6 %、儿茶素总量（TC）10.19 %、酚氨比值（TP/AA）5.89，适制普洱茶和红茶。

230. 荷花野生大茶树

学名：*Camellia taliensis*（W. W. Smith）melchior。位于云南省德宏傣族景颇族自治州梁河县大厂乡赵老地村委会荷花村民小组，海拔2044 m；树型乔木型，树姿直立，树高11.2 m，树幅7.4 m×7.6 m，最低分枝高0.5 m，基部干径1.4 m，分枝密度稀；芽叶色泽黄绿色、芽叶无茸毛，叶片着生状态稍上斜，叶形长椭圆形，叶色绿色，叶片亮度发亮，平均叶片长宽12.8 cm×5.2 cm，叶面积46.6 cm^2，大叶，叶身平，叶面平，叶缘微波，叶基楔形，叶质中，叶尖渐尖，叶脉对数10对，叶齿锯齿形，叶齿密度稀，叶齿深度浅，叶齿锐度钝，叶柄长0.9 cm、无茸毛，叶背主脉无茸毛；花萼5枚、无茸毛，花萼色泽绿色，花冠长宽4.1 cm×3.8 cm，花瓣7枚，花瓣色泽白色，花瓣长宽1.9 cm×1.5 cm，花瓣质地厚，柱头开裂数4裂或5裂，雌雄蕊相对高度雌蕊高，子房4室或5室、无茸毛，花柱长度1.3 cm，花柱裂位高；果实形状四方形或梅花形，果实大小3.5 cm×3.2 cm，果皮厚度0.1 cm；种子形状球形、半球形或不规则形，种径大小1.3 cm×1.3 cm，种皮色泽棕色或棕褐色，种子百粒重115.4 g；春茶一芽二叶烘青样水浸出物（WE）40.2 %、茶多酚（TP）11.5 %、氨基酸（AA）4.2 %、咖啡碱（C）2.3 %、儿茶素总量（TC）10.67 %、酚氨比值（TP/AA）2.74，适制普洱茶和红茶。

231. 一碗水大茶树

学名：*Camellia taliensis*（W. W. Smith）melchior。位于云南省德宏傣族景颇族自治州芒市芒市镇中东村委会一碗水村民小组，海拔1714 m；树型乔木型，树姿开张，树高8.0 m，树幅4.5 m×5.0 m，最低分枝高0.4 m，基部干径1.4 m，分枝密度中；芽叶色泽黄绿色、芽叶无茸毛，叶片着生状态稍上斜，叶形长椭圆形，叶色黄绿色，叶片亮度发亮，平均叶片长宽12.7 cm×4.4 cm，叶面积39.1 cm^2，中叶，叶身背卷，叶面微隆，叶缘微波，叶基楔形，叶质硬，叶尖急尖，叶脉对数8对，叶齿锯齿形，叶齿密度中，叶齿深度中，叶齿锐度锐，叶柄长0.6 cm、无茸毛，叶背主脉无茸毛；花萼4枚、无茸毛，花萼色泽绿色，花冠长宽4.1 cm×4.3 cm，花瓣7枚，花瓣色泽淡绿色，花瓣长宽2.6 cm×3.1 cm，花瓣质地中，柱头开裂数4裂或5裂，雌雄蕊相对高度雌蕊低，子房4室或5室、有茸毛，花柱长度1.2 cm，花柱裂位高；果实形状球形、四方形或梅花形，果实大小3.2 cm×2.8 cm，果皮厚度0.1 cm；种子形状球形、半球形或不规则形，种径大小1.3 cm×1.2 cm，种皮色泽棕色或棕褐色，种子百粒重139.8 g；春茶一芽二叶烘青样水浸出物（WE）47.3 %、茶多酚（TP）24.1 %、氨基酸（AA）4.0 %、咖啡碱（C）3.3 %、儿茶素总量（TC）14.57 %、酚氨比值（TP/AA）6.03，适制普洱茶和红茶。

232. 德昂1号古茶树

学名：*Camellia taliensis* × *C.sinensis*。位于云南省保山市隆阳区潞江镇邦陇村德昂寨，海拔1966 m；树型乔木型，树姿半开张，树高7.2 m，树幅6.0 m×5.8 m，最低分枝高0.9 m，基部干径0.8 m，分枝密度中；芽叶色泽紫绿色、芽叶茸毛数量中，叶片着生状态上斜，叶形长椭圆形，叶色深绿色，叶片亮度发亮，平均叶片长宽9.8 cm×3.9 cm，叶面积26.8 cm^2，中叶，叶身平，叶面微隆，叶缘平，叶基楔形，叶质中，叶尖渐尖，叶脉对数9对，叶齿锯齿形，叶齿密度稀，叶齿深度浅，叶齿锐度中，叶柄长1.3 cm、无茸毛，叶背主脉茸毛少；花萼5枚、无茸毛，花萼色泽绿色，花冠长宽3.3 cm×2.9 cm，花瓣9枚，花瓣色泽白色，花瓣长宽1.7 cm×1.3 cm，花瓣质地中，柱头开裂数4裂，雌雄蕊相对高度等高，子房4室、有茸毛，花柱长度1.1 cm，花柱裂位高；果实形状球形、三角形或四方形，果实大小3.9 cm×2.5 cm，果皮厚度0.2 cm；种子形状球形，种径大小1.9 cm×1.8 cm，种皮色泽棕褐色；春茶一芽二叶烘青样水浸出物（WE）44.63%、茶多酚（TP）23.80%、氨基酸（AA）3.19%、咖啡碱（C）3.64%、儿茶素总量（TC）15.19%、酚氨比值（TP/AA）7.46，适制普洱茶和红茶。

233. 绕廊1号古茶树

学名：*Camellia taliensis* × *C.sinensis*。位于云南省保山市龙陵县龙新乡绕廊村麦子地，海拔2184 m；树型乔木型，树姿开张，树高5.3 m，树幅4.9 m×4.1 m，最低分枝高0.5 m，基部干径0.5 m，分枝密度中；芽叶色泽黄绿色、芽叶无茸毛，叶片着生状态水平，叶形椭圆形，叶色黄绿色，叶片亮度发亮，平均叶片长宽12.8 cm×4.7 cm，叶面积42.1 cm^2，大叶，叶身背卷，叶面隆起，叶缘波，叶基楔形，叶质中，叶尖钝尖，叶脉对数11对，叶齿锯齿形，叶齿密度密，叶齿深度中，叶齿锐度中，叶柄长1.3 cm、有茸毛，叶背主脉无茸毛；花萼5枚、有茸毛，花萼色泽绿色，花冠长宽4.7 cm×4.1 cm，花瓣12枚，花瓣色泽白色，花瓣长宽2.7 cm×2.0 cm，花瓣质地中，柱头开裂数5裂，雌雄蕊相对高度等高，子房5室、有茸毛，花柱长度1.6 cm，花柱裂位低；果实形状球形、四方形或梅花形，果实大小3.9 cm×2.2 cm，果皮厚度0.2 cm；种子形状球形、半球形或不规则形，种径大小1.6 cm×1.5 cm，种皮色泽褐色；春茶一芽二叶烘青样水浸出物（WE）49.11％、茶多酚（TP）16.03％、氨基酸（AA）5.45％、咖啡碱（C）3.48％、儿茶素总量（TC）13.45％、酚氨比值（TP/AA）2.94，适制普洱茶和红茶。

234. 芹菜塘古茶树

学名：*Camellia taliensis* × *C.sinensis*。位于云南省保山市龙陵县象达乡芹菜塘村段家寨，海拔2040 m；树型乔木型，树姿开张，树高8.5 m，树幅4.4 m×3.5 m，最低分枝高0.3 m，基部干径10.8 m，分枝密度密；芽叶色泽黄绿色、芽叶无茸毛，叶片着生状态稍上斜，叶形椭圆形，叶色深绿色，叶片亮度发亮，平均叶片长宽13.4 cm×6.6 cm，叶面积61.9 cm^2，特大叶，叶身背卷，叶面强隆起，叶缘波，叶基楔形，叶质硬，叶尖钝尖，叶脉对数9对，叶齿锯齿形，叶齿密度密，叶齿深度深，叶齿锐度中，叶柄长1.1 cm、无茸毛，叶背主脉无茸毛；花萼5枚、无茸毛，花萼色泽绿色，花冠长宽4.0 cm×3.5 cm，花瓣11枚，花瓣色泽白色，花瓣长宽2.3 cm×1.7 cm，花瓣质地薄，柱头开裂数5裂，雌雄蕊相对高度等高，子房5室、有茸毛，花柱长度1.6 cm，花柱裂位低；果实形状球形、四方形或梅花形，果实大小3.6 cm×1.8 cm，果皮厚度0.1 cm；种子形状球形、半球形或不规则形，种径大小1.6 cm×1.3 cm，种皮色泽褐色；春茶一芽二叶烘青样水浸出物（WE）44.61%、茶多酚（TP）20.28%、氨基酸（AA）2.37%、咖啡碱（C）0.81%、儿茶素总量（TC）11.74%、酚氨比值（TP/AA）8.56，适制普洱茶、红茶和绿茶。

235. 安乐古茶树

学名：*Camellia taliensis* × *C.sinensis*。位于云南省保山市龙陵县平达乡安乐村平山小组，海拔1920 m；树型乔木型，树姿开张，树高9.2 m，树幅4.6 m×3.9 m，最低分枝高0.7 m，基部干径0.6 m，分枝密度中；芽叶色泽黄绿色、芽叶无茸毛，叶片着生状态水平，叶形椭圆形，叶色黄绿色，叶片亮度不亮，平均叶片长宽12.9 cm×6.1 cm，叶面积55.1 cm^2，大叶，叶身背卷，叶面强隆起，叶缘波，叶基楔形，叶质中，叶尖钝尖，叶脉对数12对，叶齿锯齿形，叶齿密度密，叶齿深度深，叶齿锐度中，叶柄长1.3 cm、无茸毛，叶背主脉无茸毛；花萼5枚、无茸毛，花萼色泽绿色，花冠长宽3.7 cm×3.2 cm，花瓣15枚，花瓣色泽白色，花瓣长宽2.8 cm×3.0 cm，花瓣质地中，柱头开裂数5裂，雌雄蕊相对高度雌蕊高，子房5室、无茸毛，花柱长度1.5 cm，花柱裂位中；果实形状球形、四方形或梅花形，果实大小1.7 cm×1.7 cm，果皮厚度0.2 cm；种子形状球形、半球形或不规则形，种径大小1.6 cm×1.5 cm，种皮色泽褐色；春茶一芽二叶烘青样水浸出物（WE）44.80%、茶多酚（TP）18.57%、氨基酸（AA）3.09%、咖啡碱（C）2.74%、儿茶素总量（TC）16.38%、酚氨比值（TP/AA）6.01，适制普洱茶和绿茶。

236. 坡古茶树

学名：*Camellia taliensis* × *C.sinensis*。位于云南省保山市龙陵县碧寨乡坡头村绿水塘组，海拔2006 m；树型乔木型，树姿开张，树高6.1 m，树幅2.6 m×2.5 m，最低分枝高1.0 m，基部干径0.7 m，分枝密度稀；芽叶色泽黄绿色、芽叶无茸毛，叶片着生状态稍上斜，叶形长椭圆形，叶色黄绿色，叶片亮度不亮，平均叶片长宽14.4 cm×5.6 cm，叶面积56.4 cm^2，大叶，叶身背卷，叶面隆起，叶缘波，叶基楔形，叶质中，叶尖钝尖，叶脉对数11对，叶齿锯齿形，叶齿密度密，叶齿深度深，叶齿锐度中，叶柄长1.4 cm、无茸毛，叶背主脉无茸毛；花萼5枚、有茸毛，花萼色泽绿色，花冠长宽3.3 cm×3.1 cm，花瓣13枚，花瓣色泽白色，花瓣长宽1.6 cm×1.1 cm，花瓣质地中，柱头开裂数5裂，雌雄蕊相对高度等高，子房5室、有茸毛，花柱长度1.3 cm，花柱裂位低；果实形状球形、肾形或梅花形，果实大小1.4 cm×0.9 cm，果皮厚度0.1 cm；种子形状球形、半球形、似肾形或不规则形，种径大小1.6 cm×1.5 cm，种皮色泽褐色；春茶一芽二叶烘青样水浸出物（WE）52.74%、茶多酚（TP）19.28%、氨基酸（AA）5.07%、咖啡碱（C）4.35%、儿茶素总量（TC）19.56%、酚氨比值（TP/AA）3.80，适制普洱茶和绿茶。

237. 老纸厂古茶树

学名：*Camellia taliensis* × *C.sinensis*。位于云南省保山市昌宁县耈街乡阿干村老纸厂村民小组，海拔1977 m；树型乔木型，树姿开张，树高4.5 m，树幅3.2 m×3.0 m，最低分枝高0.2 m，基部干径0.4 m，分枝密度密；芽叶色泽黄绿色、芽叶茸毛少，叶片着生状态稍上斜，叶形椭圆形，叶色黄绿色，叶片亮度不亮，平均叶片长宽9.5 cm×3.9 cm，叶面积25.9 cm^2，中叶，叶身内折，叶面微隆，叶缘微波，叶基楔形，叶质中，叶尖渐尖，叶脉对数7~10对，叶齿锯齿形，叶齿密度中，叶齿深度深，叶齿锐度锐，叶柄长1.3 cm、无茸毛，叶背主脉无茸毛；花萼4~5枚、无茸毛，花萼色泽绿色，花冠长宽3.5 cm×3.2 cm，花瓣5枚，花瓣色泽白色，花瓣长宽2.0 cm×1.2 cm，花瓣质地中，柱头开裂数4裂，雌雄蕊相对高度雌蕊低，子房4室、有茸毛，花柱长度1.1 cm，花柱裂位中；果实形状球形、肾形、三角形或四方形，果实大小3.4 cm×1.9 cm，果皮厚度0.1 cm；种子形状球形或不规则形，种径大小1.2 cm×0.8 cm，种皮色泽棕褐色；春茶一芽二叶烘青样水浸出物（WE）52.27%、茶多酚（TP）20.80%、氨基酸（AA）5.06%、咖啡碱（C）4.23%、儿茶素总量（TC）15.18%、酚氨比值（TP/AA）4.11，适制普洱茶和绿茶。

238. 背阴山古茶树

学名：*Camellia taliensis* × *C.sinensis*。位于云南省保山市昌宁县耈街乡阿干村背阴山村民小组，海拔2065 m；树型乔木型，树姿直立，树高6.9 m，树幅4.5 m×4.1 m，最低分枝高0.2 m，基部干径0.8 m，分枝密度中；芽叶色泽黄绿色、芽叶茸毛少，叶片着生状态稍上斜，叶形椭圆形，叶色黄绿色，叶片亮度不亮，平均叶片长宽11.9 cm×4.6 cm，叶面积38.3 cm^2，中叶，叶身内折，叶面微隆，叶缘微波，叶基近圆形，叶质中，叶尖渐尖，叶脉对数9~10对，叶齿锯齿形，叶齿密度中，叶齿深度中，叶齿锐度锐，叶柄长1.1 cm、无茸毛，叶背主脉茸毛少；花萼4~5枚、无茸毛，花萼色泽绿色，花冠长宽2.7 cm×2.4 cm，花瓣5枚，花瓣色泽白色，花瓣长宽2.2 cm×1.2 cm，花瓣质地中，柱头开裂数3裂、4裂或5裂，雌雄蕊相对高度雌蕊低，子房3室、4室或5室、无茸毛，花柱长度1.1 cm，花柱裂位中；果实形状球形、肾形、三角形或梅花形，果实大小3.5 cm×2.0 cm，果皮厚度0.1 cm；种子形状球形或不规则形，种径大小1.3 cm×0.9 cm，种皮色泽棕褐色；春茶一芽二叶烘青样水浸出物（WE）50.44 %、茶多酚（TP）16.53 %、氨基酸（AA）4.73 %、咖啡碱（C）3.28 %、儿茶素总量（TC）8.86 %，酚氨比值（TP/AA）3.49，适制普洱茶和绿茶。

239. 岩子脚古茶树

学名：*Camellia taliensis* × *C.sinensis*。位于云南省保山市昌宁县翁堵镇立木山村岩子脚村民小组，海拔1808 m；树型乔木型，树姿半开张，树高7.3 m，树幅6.8 m×5.4 m，最低分枝高0.7 m，基部干径0.7 m，分枝密度密；芽叶色泽黄绿色、芽叶茸毛少，叶片着生状态稍上斜，叶形长椭圆形，叶色绿色，叶片亮度不亮，平均叶片长宽11.1 cm×4.7 cm，叶面积36.5 cm^2，中叶，叶身内折，叶面微隆，叶缘微波，叶基近圆形，叶质中，叶尖渐尖，叶脉对数9~11对，叶齿锯齿形，叶齿密度中，叶齿深度深，叶齿锐度锐，叶柄长1.6 cm、无茸毛，叶背主脉茸毛少；花萼5枚、无茸毛，花萼色泽绿色，花冠长宽2.9 cm×2.3 cm，花瓣6枚，花瓣色泽白色，花瓣长宽2.2 cm×1.6 cm，花瓣质地中，柱头开裂数3裂、4裂或5裂，雌雄蕊相对高度雌蕊低，子房3室、4室或5室、无茸毛，花柱长度0.8 cm，花柱裂位中；果实形状球形、肾形、三角形、四方形或梅花形，果实大小3.2 cm×2.3 cm，果皮厚度0.1 cm；种子形状球形、半球形或不规则形，种径大小1.5 cm×1.2 cm，种皮色泽棕褐色；春茶一芽二叶烘青样水浸出物（WE）48.57%、茶多酚（TP）19.48%、氨基酸（AA）4.70%、咖啡碱（C）3.27%、儿茶素总量（TC）18.84%、酚氨比值（TP/AA）4.14，适制普洱茶和绿茶。

240. 旧街古茶树

学名：*Camellia sinensis*（L.）O. Kuntze。位于云南省保山市隆阳区芒宽乡百花岭村旧街，海拔1977 m；树型灌木型，树姿开张，树高3.1 m，树幅3.3 m×2.9 m，最低分枝高0.4m，基部干径0.3 m，分枝密度密；芽叶色泽黄绿色、芽叶茸毛多，叶片着生状态稍上斜，叶形长椭圆形，叶色绿色，叶片亮度发亮，平均叶片长宽7.7 cm×2.8 cm，叶面积15.1 cm^2，小叶，叶身平，叶面平，叶缘平，叶基楔形，叶质柔软，叶尖钝尖，叶脉对数5对，叶齿锯齿形，叶齿密度密，叶齿深度浅，叶齿锐度钝，叶柄长0.9 cm、有茸毛，叶背主脉茸毛多；花萼5枚、有茸毛，花萼色泽绿色，花冠长宽2.0 cm×1.4 cm，花瓣8枚，花瓣色泽白色，花瓣长宽2.0 cm×1.4 cm，花瓣质地薄，柱头开裂数3裂，雌雄蕊相对高度等高，子房3室、有茸毛，花柱长度1.0 cm，花柱裂位低；果实形状三角形，果实大小2.3 cm×1.3 cm，果皮厚度0.2 cm；种子形状不规则形，种径大小1.5 cm×1.3 cm，种皮色泽棕褐色；春茶一芽二叶烘青样水浸出物（WE）48.42 %、茶多酚（TP）23.95 %、氨基酸（AA）2.68 %、咖啡碱（C）4.12 %、儿茶素总量（TC）21.63 %、酚氨比值（TP/AA）8.94，适制普洱茶、红茶和绿茶。

241. 新寨古茶树

学名：*Camellia sinensis*（L.）O. Kuntze var. *pubicosta* H. T. Chang。位于云南省保山市施甸县万兴乡万兴村新寨村民小组，海拔1869 m；树型乔木型，树姿半开张，树高6.9 m，树幅4.8 m×4.7 m，最低分枝高1.0 m，基部干径0.3 m，分枝密度中；芽叶色泽黄绿色、芽叶茸毛数量中，叶片着生状态稍上斜，叶形椭圆形，叶色绿色，叶片亮度不亮，平均叶片长宽13.6 cm×5.6 cm，叶面积53.3 cm^2，大叶，叶身内折，叶面微隆，叶缘微波，叶基近圆形，叶质中，叶尖渐尖，叶脉对数13对，叶齿锯齿形，叶齿密度中，叶齿深度深，叶齿锐度中，叶柄长1.1 cm、有茸毛，叶背主脉有茸毛；花萼5枚、有茸毛，花萼色泽绿色，花冠长宽2.4 cm×1.4 cm，花瓣6枚，花瓣色泽淡绿色，花瓣长宽1.7 cm×1.2 cm，花瓣质地中，柱头开裂数3裂，雌雄蕊相对高度等高，子房3室、有茸毛，花柱长度1.7 cm，花柱裂位低；果实形状球形、肾形或三角形，果实大小2.6 cm×1.9 cm，果皮厚度0.1 cm；种子形状球形，种径大小1.4 cm×1.4 cm，种皮色泽棕褐色；春茶一芽二叶烘青样水浸出物（WE）44.66 %、茶多酚（TP）22.40 %、氨基酸（AA）4.01 %、咖啡碱（C）4.41 %、儿茶素总量（TC）16.72 %、酚氨比值（TP/AA）5.59，适制普洱茶和绿茶。

242. 西山头2号古茶树

学名：*Camellia sinensis*（L.）O. Kuntze var. *dehungensis*（H.T.Chan）ming。位于云南省保山市施甸县太平镇李山村下西山头村民小组，海拔1894 m；树型乔木型，树姿半开张，树高3.9 m，树幅3.5 m×3.4 m，最低分枝高1.6 m，基部干径0.3 m，分枝密度稀；芽叶色泽黄绿色、芽叶茸毛多，叶片着生状态稍上斜，叶形椭圆形，叶色深绿色，叶片亮度发亮，平均叶片长宽15.3 cm×6.8 cm，叶面积72.8 cm^2，特大叶，叶身内折，叶面微隆，叶缘微波，叶基近圆形，叶质中，叶尖渐尖，叶脉对数13对，叶齿锯齿形，叶齿密度中，叶齿深度中，叶齿锐度钝，叶柄长0.9 cm、有茸毛，叶背主脉茸毛多；花萼5枚、无茸毛，花萼色泽绿色，花冠长宽3.7 cm×1.8 cm，花瓣6枚，花瓣色泽白色，花瓣长宽1.9 cm×1.8 cm，花瓣质地薄，柱头开裂数3裂，雌雄蕊相对高度等高，子房3室、无茸毛，花柱长度1.9 cm，花柱裂位低；果实形状球形、肾形、三角形或四方形，果实大小3.2 cm×1.7 cm，果皮厚度0.2 cm；种子形状球形或半球形，种径大小1.4 cm×1.3 cm，种皮色泽棕褐色；春茶一芽二叶烘青样水浸出物（WE）43.93 %、茶多酚（TP）23.30 %、氨基酸（AA）6.16 %、咖啡碱（C）3.24 %、儿茶素总量（TC）11.23 %、酚氨比值（TP/AA）3.78，适制普洱茶和绿茶。

243. 杨梅树古茶树

学名：*Camellia sinensis*（L.）O. Kuntze var. *dehungensis*（H. T. Chan）ming。位于云南省大理白族自治州南涧彝族自治县宝华镇无量村委会杨梅树村，海拔1964 m；树型小乔木型，树姿开张，树高7.7 m，树幅7.7 m×8.1 m，最低分枝高0.5 m，基部干径0.3 m，分枝密度稀；芽叶色泽黄绿色、芽叶茸毛特多，叶片着生状态水平，叶形椭圆形，叶色绿色，叶片亮度不亮，平均叶片长宽15.0 cm×6.7 cm，叶面积70.4 cm^2，特大叶，叶身平，叶面隆起，叶缘微波，叶基楔形，叶质硬，叶尖渐尖，叶脉对数10~13对，叶齿锯齿形，叶齿密度稀，叶齿深度深，叶齿锐度钝，叶柄长1.3 cm、有茸毛，叶背主脉茸毛多；花萼4~5枚、无茸毛，花萼色泽绿色，花冠长宽2.5 cm×2.5 cm，花瓣6枚，花瓣色泽淡红色，花瓣长宽1.6 cm×1.3 cm，花瓣质地薄，柱头开裂数3裂，雌雄蕊相对高度雌蕊低或等高，子房3室、无茸毛，花柱长度0.8 cm，花柱裂位低；果实形状球形、肾形或三角形，果实大小2.2 cm×2.5 cm，果皮厚度0.2 cm；种子形状球形或似肾形，种径大小1.2 cm×1.4 cm，种皮色泽棕褐色；春茶一芽二叶晒青样水浸出物（WE）53.50 %、茶多酚（TP）23.8 %、氨基酸（AA）3.80 %、咖啡碱（C）3.90 %、儿茶素总量（TC）16.51 %、酚氨比值（TP/AA）6.26，适制普洱茶和绿茶。

244. 回龙山3号古茶树

学名：*Camellia sinensis*（L.）O. Kuntze var. *dehungensis*（H. T. Chan）ming。位于云南省大理白族自治州南涧彝族自治县碧溪乡回龙山村委会回龙山村，海拔2095 m；树型小乔木型，树姿半开张，树高3.4 m，树幅3.2 m×3.8 m，最低分枝高0.1 m，基部干径0.3 m，分枝密度密；芽叶色泽绿色、芽叶茸毛特多，叶片着生状态水平，叶形椭圆形，叶色绿色，叶片亮度不亮，平均叶片长宽17.1 cm×6.9 cm，叶面积82.6 cm^2，特大叶，叶身平，叶面微隆，叶缘平，叶基楔形，叶质中，叶尖渐尖，叶脉对数8~12对，叶齿锯齿形，叶齿密度稀，叶齿深度深，叶齿锐度钝，叶柄长1.0 cm、有茸毛，叶背主脉茸毛多；花萼5枚、无茸毛，花萼色泽绿色，花冠长宽2.4 cm×2.5 cm，花瓣5~6枚、花瓣色泽白色，花瓣长宽2.0 cm×1.6 cm，花瓣质地中，柱头开裂数3裂，雌雄蕊相对高度雌蕊高，子房3室、无茸毛，花柱长度1.0 cm，花柱裂位低；果实形状球形、肾形或三角形，果实大小3.3 cm×2.2 cm，果皮厚度0.2 cm；种子形状球形或不规则形，种径大小1.5 cm×1.5 cm，种皮色泽褐色，种子百粒重230.0 g；春茶一芽二叶晒青样水浸出物（WE）49.4 %、茶多酚（TP）26.4 %、氨基酸（AA）3.9 %、咖啡碱（C）5.0 %、儿茶素总量（TC）18.86 %、酚氨比值（TP/AA）6.77，适制普洱茶和绿茶。

245. 马扎福地1号古茶树

学名：*Camellia sinensis*（L.）O. Kuntze var. *dehungensis*（H. T. Chan）ming。位于云南省大理白族自治州南涧彝族自治县小湾东镇龙街村委会马扎福地村，海拔2281 m；树型小乔木型，树姿半开张，树高7.9 m，树幅7.6 m×5.7 m，最低分枝高0.5 m，基部干径0.4 cm，分枝密度中；芽叶色泽绿色、芽叶茸毛多，叶片着生状态稍上斜，叶形椭圆形，叶色深绿色，叶片亮度发亮，平均叶片长宽9.7 cm×5.1 cm，叶面积34.6 cm^2，中叶，叶身平，叶面隆起，叶缘微波，叶基楔形，叶质中，叶尖渐尖，叶脉对数8~10对，叶齿锯齿形，叶齿密度稀，叶齿深度深，叶齿锐度钝，叶柄长1.8 cm、有茸毛，叶背主脉茸毛多；花萼5枚、无茸毛，花萼色泽绿色，花冠长宽2.5 cm×2.6 cm，花瓣6~8枚、花瓣色泽淡绿色，花瓣长宽1.7 cm×1.4 cm，花瓣质地薄，柱头开裂数3裂，雌雄蕊相对高度等高，子房3室、无茸毛，花柱长度1.3 cm，花柱裂位低；果实形状球形或肾形，果实大小2.4 cm×2.0 cm，果皮厚度0.2 cm；种子形状球形或半球形，种径大小1.2 cm×1.3 cm，种皮色泽褐色，种子百粒重150.0 g；春茶一芽二叶晒青样水浸出物（WE）45.70 %、茶多酚（TP）24.10 %、氨基酸（AA）5.40 %、咖啡碱（C）4.90 %、儿茶素总量（TC）18.44 %、酚氨比值（TP/AA）4.46，适制普洱茶和绿茶。

246. 洒拉箐1号古茶树

学名：*Camellia sinensis*（L.）O. Kuntze var. *dehungensis*（H. T. Chan）ming。位于云南省大理白族自治州南涧彝族自治县宝华镇拥政村委会洒拉箐村，海拔1967 m；树型小乔木型，树姿开张，树高9.4 m，树幅8.0 m×6.8 m，最低分枝高0.5 m，基部干径0.4 m，分枝密度稀；芽叶色泽黄绿色、芽叶茸毛特多，叶片着生状态稍上斜，叶形椭圆形，叶色绿色，叶片亮度不亮，平均叶片长宽11.5 cm×4.7 cm，叶面积37.8 cm^2，中叶，叶身平或内折，叶面隆起，叶缘平，叶基楔形，叶质中，叶尖渐尖，叶脉对数8~11对，叶齿锯齿形，叶齿密度中，叶齿深度深，叶齿锐度锐，叶柄长1.5 cm、有茸毛，叶背主脉茸毛多；花萼5枚、无茸毛，花萼色泽绿色，花冠长宽2.0 cm×2.0 cm，花瓣6~7枚、花瓣色泽淡绿色，花瓣长宽1.2 cm×1.0 cm，花瓣质地薄，柱头开裂数3裂，雌雄蕊相对高度雌蕊低或雌蕊高，子房3室、无茸毛，花柱长度0.8 cm，花柱裂位中；果实形状球形、肾形或三角形，果实大小2.0 cm×1.9 cm，果皮厚度0.3 cm；种子形状球形、似肾形或不规则形，种径大小1.1 cm×1.2 cm，种皮色泽褐色，种子百粒重190.0g；春茶一芽二叶晒青样水浸出物（WE）50.1%、茶多酚（TP）24.4%、氨基酸（AA）5.1%、咖啡碱（C）4.3%、儿茶素总量（TC）17.82%、酚氨比值（TP/AA）4.78，适制普洱茶和绿茶。

247. 三角岩大茶树

学名：*C.parvisepaloides* Chang et Wang。位于云南省德宏傣族景颇族自治州芒市勐戛镇三角岩村委会七组村民小组，海拔1624 m；树型乔木型，树姿开张，树高8.0 m，树幅8.0 m×7.9 m，最低分枝高0.1 m，基部干径2.5 m，分枝密度稀；芽叶色泽黄绿色、芽叶茸毛多，叶片着生状态稍上斜，叶形长椭圆形，叶色淡绿色，叶片亮度发亮，平均叶片长宽16.8 cm×7.4 cm，叶面积87.0 cm^2，特大叶，叶身背卷，叶面微隆，叶缘波，叶基楔形，叶质柔软，叶尖圆尖，叶脉对数17对，叶齿锯齿形，叶齿密度中，叶齿深度中，叶齿锐度中，叶柄长0.6 cm、有茸毛，叶背主脉有茸毛；花萼5枚、有茸毛，花萼色泽绿色，花冠长宽4.1 cm×4.3 cm，花瓣7枚，花瓣色泽淡绿色，花瓣长宽2.1 cm×1.9 cm，花瓣质地中，柱头开裂数3裂，雌雄蕊相对高度雌蕊高，子房3室、有茸毛，花柱长度1.4 cm，花柱裂位中；果实形状球形、肾形或三角形，果实大小3.2 cm×3.1 cm，果皮厚度0.1 cm；种子形状球形、似肾形或不规则形，种径大小1.1 cm×1.3 cm，种皮色泽棕色或褐色，种子百粒重114.6g；春茶一芽二叶烘青样水浸出物（WE）46.3%、茶多酚（TP）22.4%、氨基酸（AA）3.1%、咖啡碱（C）3.1%、儿茶素总量（TC）18.92%、酚氨比值（TP/AA）7.23，适制普洱茶和绿茶。